1 Dezimalzahlen

1. Die Leichtathletik-Weltmeisterschaft 2013 fand in Moskau statt. Im Weitsprung der Männer wurden die ersten sechs Plätze mit diesen Weiten erreicht:

| 8,26 m | 8,29 m | 8,27 m | 8,56 m | 8,22 m | 8,24 m |

a) Trage die Weiten der Sportler ein. Die Weite des Weltmeisters ist schon eingetragen.

Gold	Alexander Menkow	RUS	8,56 m
Silber	Ignisious Gaisah	NED	______
Bronze	Luis Rivera	MEX	______
4.	Eusebio Cáceres	ESP	______
5.	Mauro da Silva	BRA	______
6.	Christian Reif	GER	______

b) Wie groß ist der Unterschied der Weiten der beiden besten Weitspringer?

A: ______________________________

2. Hier sind die Ergebnisse für die ersten fünf Plätze im Speerwurf der Frauen:

| Kathryn Mitchell AUS 63,77 m | Kimberley Mickle AUS 66,25 |

| Linda Stahl GER 64,78 m |

| Christina Obergföll GER 69,05 m | Marija Abakumowa RUS 65,09 m |

a) Trage die Angaben in die Tabelle ein.

	Name	Land	Weite
Gold			
Silber			
Bronze			
4.			
5.			
6.			

b) Wie groß ist der Unterschied der Weiten der beiden besten Speerwerferinnen?

A: ______________________________

Dezimalzahlen lesen und schreiben

10 Cent = $\frac{1}{10}$ € = 0,10 €

$\frac{1}{10}$ = **0,1**

An der ersten Stelle nach dem Komma stehen die **Zehntel**.

1 Cent = $\frac{1}{100}$ € = 0,01 €

$\frac{1}{100}$ = **0,01**

An der zweiten Stelle nach dem Komma stehen die **Hundertstel**.

1. Trage die Geldbeträge in die Stellenwerttafel ein.

a) 14 € 34 Cent; 27 € 13 Cent; 6 € 52 Cent
9 € 5 Cent; 70 € 38 Cent; 39 € 70 Cent

b) 48,89 €; 4,74 €; 53,01 €
50,53 €; 67,50 €; 63,45 €

Z	E	z	h

1	4	3	4

Z	E	z	h

2. Trage in die Stellenwerttafel ein. Schreibe als Dezimalzahl.

	Z	E	z	h	
	10	1	$\frac{1}{10}$	$\frac{1}{100}$	Dezimalzahl
8 Z + 4 E + 3 z + 1 h					
4 E + 2 z + 5 h					
7 Z + 5 E + 4 z + 2 h					
5 E + 3 z + 4 h					
9 Z + 4 z + 8 h					
5 Z + 7 E + 9 z + 2 h					
3 Z + 5 E + 1 h					
6 Z + 4 h					

3. Trage in die Stellenwerttafel ein. Schreibe als Dezimalzahl.

$\frac{7}{10}$ $\frac{2}{100}$ $\frac{72}{100}$

Z	E	z	h	Dezimalzahl

Dezimalzahlen vergleichen und darstellen

1. Setze ein: <, > oder =

a)			b)			c)			d)		
5,4	☐	5,8	0,9	☐	9,0	2,52	☐	2,25	5,06	☐	5,66
6,3	☐	3,6	7,8	☐	6,9	8,20	☐	8,2	6,72	☐	6,27
5,0	☐	5	3,9	☐	4,1	1,29	☐	1,3	8,99	☐	9,01
0,7	☐	0,07	8,0	☐	0,8	1,01	☐	1,1	5,26	☐	5,62

2. Bilde jeweils die größte und die kleinste Dezimalzahl mit 2 Stellen nach dem Komma.

a) 4 0 8

größte	kleinste

b) 1 9 2

größte	kleinste

c) 5 1 0

größte	kleinste

d) 6 7 3

größte	kleinste

3. Wie heißen die Brüche und Dezimalzahlen? Trage ein.

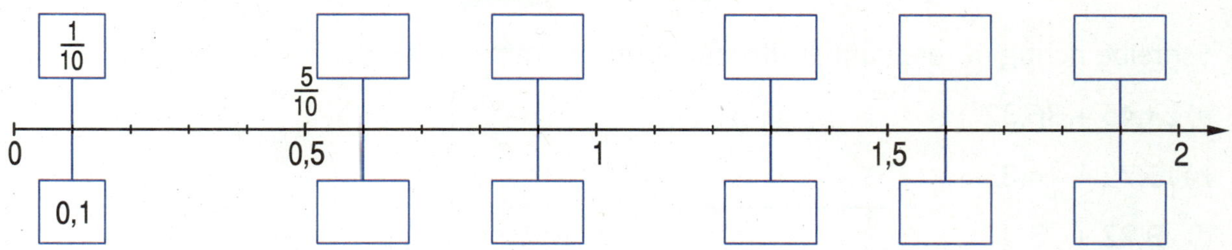

4. a) Trage die Dezimalzahlen ein.

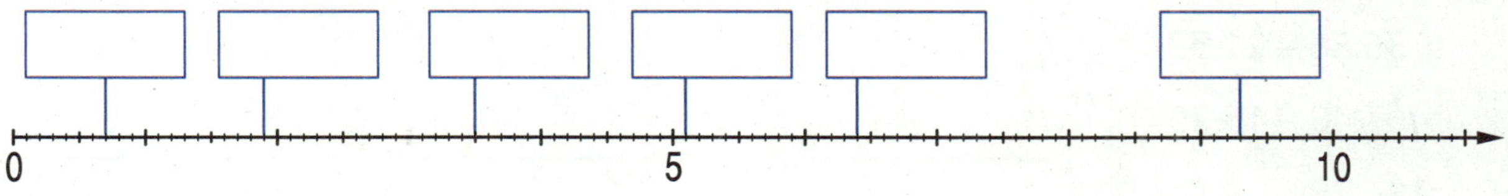

b) Ordne zu.

26,5 29,2 32,7 35,0 38,9

5. a) Trage die Dezimalzahlen ein.

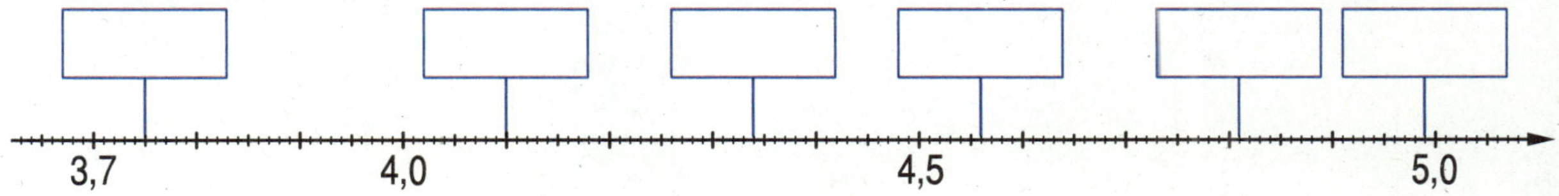

b) Ordne zu.

9,35 9,80 10,05 10,28 10,45 10,66

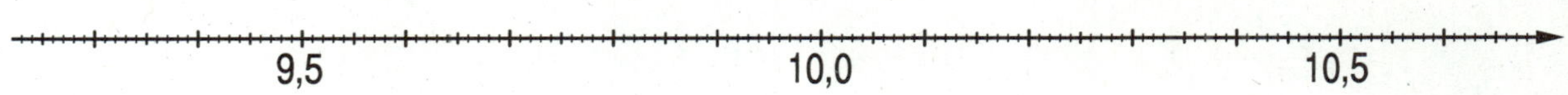

Dezimalzahlen addieren und subtrahieren

1. Addiere und subtrahiere im Kopf.

a) 0,5 + 0,4 = ____	b) 12,3 + 0,5 = ____	c) 6,8 – 0,4 = ____	d) 2,7 – 0,8 = ____
1,2 + 0,7 = ____	6,4 + 0,3 = ____	7,4 – 0,3 = ____	6,3 – 0,5 = ____
6,0 + 0,9 = ____	5,3 + 0,6 = ____	9,8 – 0,7 = ____	5,5 – 0,7 = ____

2. Die Summe der Zahlen in zwei nebeneinander liegenden Steinen steht im Stein darüber.

a)
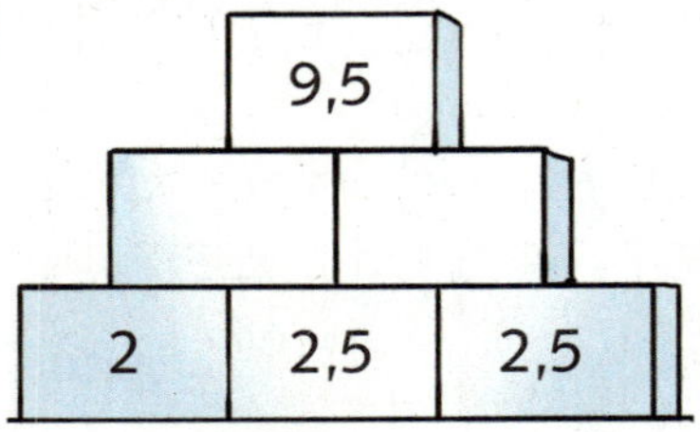

b)
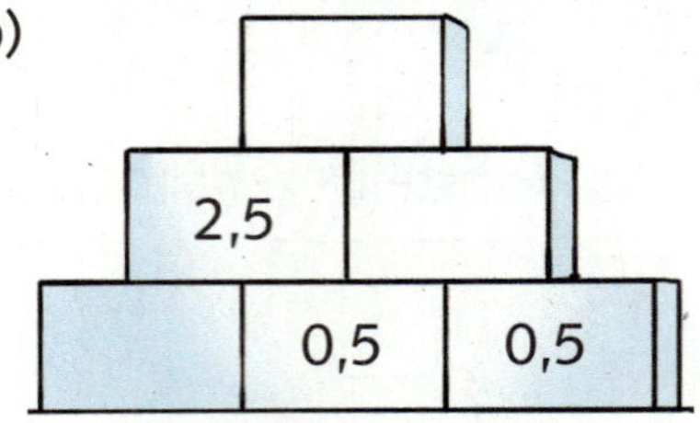

c)
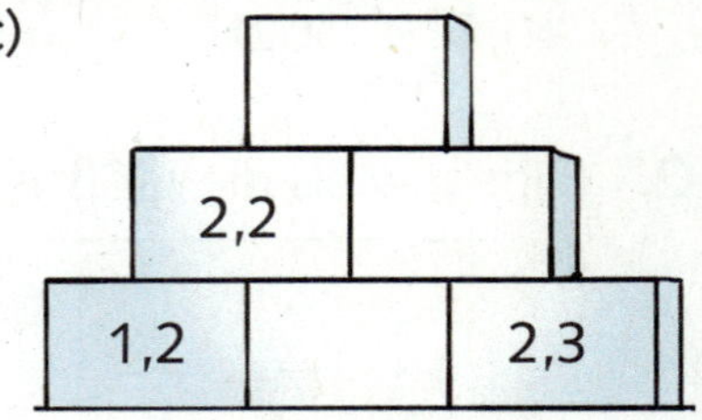

d)
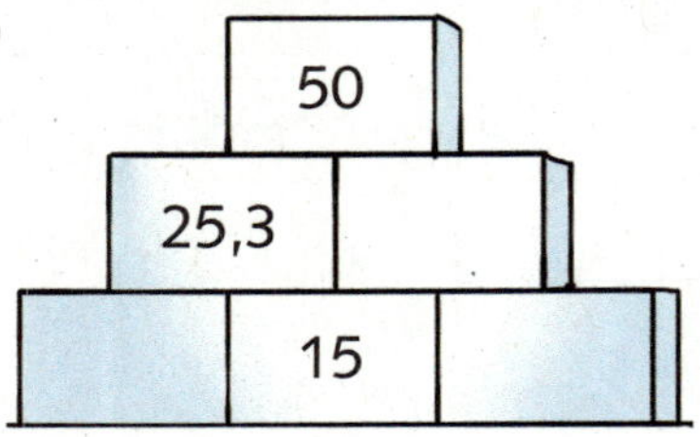

e)
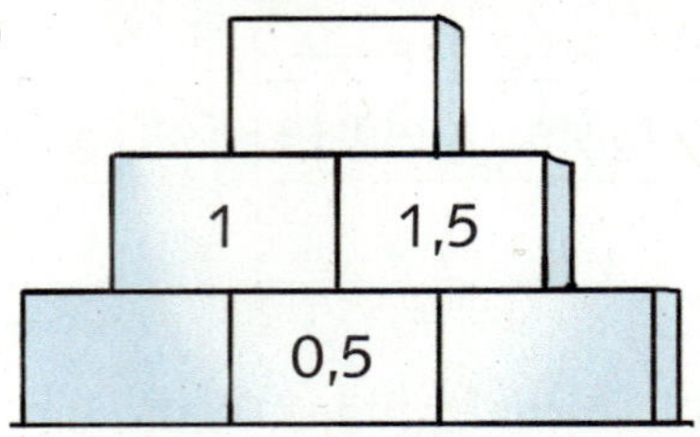

f)

3. Schreibe richtig untereinander: Komma unter Komma. Addiere.

a) 23,45 + 36,32

b) 13,75 + 14,83

c) 9,22 + 3,38

4. Schreibe richtig untereinander: Komma unter Komma. Subtrahiere.

a) 36,86 – 21,53

b) 67,40 – 15,25

c) 83,78 – 6,74

5. Im Kopf oder schriftlich? Entscheide selbst, wie du rechnest.

a) 24,89 + 13,28 = ____	b) 16,70 + 0,30 = ____	c) 84,90 – 14,90 = ____
0,80 + 1,20 = ____	58,53 + 32,38 = ____	63,87 – 12,53 = ____
12,3 + 0,6 = ____	64,86 + 22,52 = ____	42,73 – 28,15 = ____

Dezimalzahlen mit Zehnerzahlen multiplizieren

1. Berechne die Preise für die Bestellung.

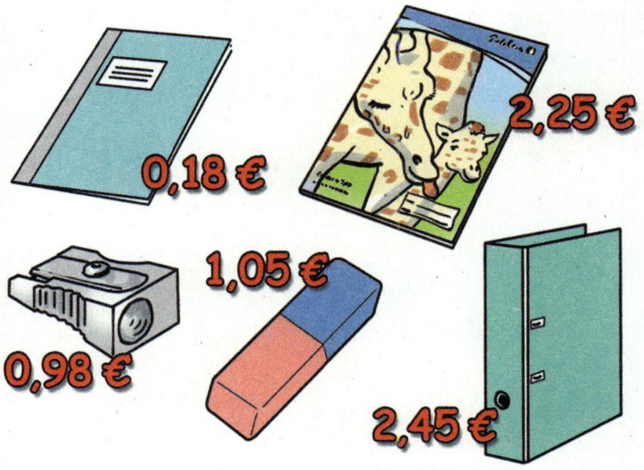

Bestellung:

10 Zeichenblöcke	______
100 Radiergummis	______
100 Anspitzer	______
10 Ordner	______
100 Hefte	______

Wird eine Dezimalzahl mit 10, 100, 1 000 multipliziert, verschiebt sich das Komma nach rechts.

4,25 · 10 = 42,5   6,527 · 100 = 652,7   8,346 · 1 000 = 8 346

Wenn nötig, füge Nullen hinzu, damit du das Komma verschieben kannst.

2,5 · 1 000 = 2,5000 · 1 000 = 2 500

2. a) 5,62 · 10 = ______   b) 718,06 · 10 = ______   c) 34,725 · 100 = ______

5,62 · 100 = ______   718,06 · 100 = ______   34,725 · 10 = ______

5,62 · 1 000 = ______   718,06 · 1 000 = ______   34,725 · 1 000 = ______

3. a)

· 10	
28,237	
0,85	
412,02	

b)

· 100	
413,48	
3,259	
0,24	

c)

· 1 000	
6,5	
138,4	
0,257	

4. a) 24,53 · ______ = 245,3   b) 3,745 · ______ = 374,5   c) 67,2 · ______ = 672

7,003 · ______ = 70,03   0,25 · ______ = 2,5   81,204 · ______ = 8 120,4

5. Verbinde Aufgaben mit dem gleichen Ergebnis.

a)

0,34 · 10	0,34 · 100
3,4 · 10	0,34 · 1 000
3,04 · 100	0,034 · 100
3,4 · 100	30,4 · 10

b)

7,253 · 100	725,3 · 100
752,3 · 10	72,53 · 10
72,53 · 1 000	75,23 · 100
75,23 · 10	0,7523 · 1 000

Dezimalzahlen durch Zehnerzahlen dividieren

1. Berechne jeweils den Preis für 1 Stück.

	Gesamtpreis		Einzelpreis
10 Kaffeekannen	204,00 €	Kaffeekanne	20,40 €
100 Tassen	116,00 €	Tasse	______
100 Teller	90,00 €	Teller	______
10 Zuckerdosen	23,90 €	Zuckerdose	______
1 000 Löffel	650,00 €	Löffel	______

Wird eine Dezimalzahl durch 10, 100, 1 000 dividiert, verschiebt sich das Komma nach links.

34,8 : 10 = 3,48 251,6 : 100 = 2,516 4 256,1 : 1 000 = 4,2651

Wenn nötig, füge Nullen hinzu, damit du das Komma verschieben kannst.

5,2 : 100 = 005,2 : 100 = 0,052

2. a) 7 238 : 10 = ______ b) 43,05 : 10 = ______ c) 708,2 : 1 000 = ______

7 238 : 100 = ______ 43,05 : 100 = ______ 708,2 : 10 = ______

7 238 : 1 000 = ______ 43,05 : 1 000 = ______ 708,2 : 100 = ______

3. a)

: 10	
34,27	
7,04	
0,38	

b)

: 100	
428,3	
9,25	
0,6	

c)

: 1 000	
4 325,7	
28,94	
6,72	

4. a) 248,4 : ______ = 2,484 b) 7,2 : ______ = 0,72 c) 43,07 : ______ = 0,4307

90,3 : ______ = 0,903 4,02 : ______ = 0,402 6,1 : ______ = 0,0061

5. Verbinde Aufgaben mit dem gleichen Ergebnis.

a)

70,3 : 10	73,07 : 100
7,03 : 10	7 307 : 1 000
730,7 : 1 000	703 : 100
730,7 : 100	70,3 : 100

b)

4 095 : 1 000	4,095 : 10
40,95 : 100	4 905 : 1 000
49,05 : 10	40,95 : 10
49,05 : 100	490,5 : 1 000

Dezimalzahlen mit einer natürlichen Zahl multiplizieren

1. Wie viel Euro sind es?

a) 

$4 \cdot 0{,}20$ € = ______

b) 

$3 \cdot 0{,}50$ € = ______

c) 

$2 \cdot 0{,}60$ € = ______

d) 

$2 \cdot 1{,}20$ € = ______

2.
a) $2 \cdot 0{,}20$ € = ______
$4 \cdot 0{,}12$ € = ______

b) $6 \cdot 0{,}11$ € = ______
$4 \cdot 0{,}52$ € = ______

c) $4 \cdot 1{,}20$ € = ______
$3 \cdot 1{,}30$ € = ______

3. Achte auf das Komma.

a) $4 \cdot 0{,}3 =$ ______
$2 \cdot 0{,}7 =$ ______
$3 \cdot 1{,}1 =$ ______
$4 \cdot 2{,}2 =$ ______

b) $5 \cdot 0{,}5 =$ ______
$8 \cdot 0{,}2 =$ ______
$6 \cdot 0{,}9 =$ ______
$9 \cdot 0{,}2 =$ ______

4.
a) $3 \cdot 0{,}15 =$ ______
$2 \cdot 0{,}45 =$ ______
$4 \cdot 0{,}12 =$ ______
$5 \cdot 1{,}01 =$ ______

b) $3 \cdot 0{,}30 =$ ______
$4 \cdot 0{,}40 =$ ______
$5 \cdot 0{,}20 =$ ______
$4 \cdot 1{,}50 =$ ______

c) $0{,}21 \cdot 7 =$ ______
$0{,}22 \cdot 3 =$ ______
$1{,}12 \cdot 4 =$ ______
$1{,}20 \cdot 5 =$ ______

5. Ist das Ergebnis richtig oder falsch? Trage ein: r oder f. Berichtige, wenn nötig.

a) $5 \cdot 0{,}70 = 3{,}50$ ___r___
$7 \cdot 0{,}20 =$ ~~0,14~~ ___f; 1,40___
$6 \cdot 0{,}30 = 1{,}80$ ______
$3 \cdot 0{,}60 = 0{,}18$ ______

b) $0{,}3 \cdot 8 = 0{,}24$ ______
$0{,}4 \cdot 3 = 0{,}12$ ______
$0{,}7 \cdot 4 = 2{,}8$ ______
$0{,}8 \cdot 3 = 0{,}24$ ______

c) $8 \cdot 0{,}7 = 56{,}0$ ______
$7 \cdot 0{,}8 = 5{,}6$ ______
$3 \cdot 1{,}2 = 36{,}0$ ______
$2 \cdot 1{,}3 = 2{,}6$ ______

d) $0{,}5 \cdot 2 = 0{,}1$ ______
$5{,}1 \cdot 2 = 1{,}2$ ______
$1{,}4 \cdot 2 = 2{,}8$ ______
$1{,}2 \cdot 5 = 0{,}6$ ______

6. Im Ergebnis fehlt das Komma. Setze es an die richtige Stelle.

a) $0{,}60 \cdot 4 = 2\ 4\ 0$
$0{,}71 \cdot 3 = 2\ 1\ 3$

b) $5 \cdot 0{,}80 = 4\ 0\ 0$
$2 \cdot 1{,}50 = 3\ 0\ 0$

c) $0{,}30 \cdot 5 = 1\ 5\ 0$
$1{,}03 \cdot 4 = 4\ 1\ 2$

Dezimalzahlen mit einer natürlichen Zahl multiplizieren

1. Wie viel Euro muss Tom bezahlen?
Setze in der Rechnung das Komma an die richtige Stelle.
Schreibe den Antwortsatz.

3,25 · 3
975

A: ______________________________

2. Setze im Ergebnis das Komma an die richtige Stelle.

a)	b)	c)	d)
8,7 · 5	5,68 · 3	17,8 · 5	23,4 · 7
435	1704	890	1638

3.

Fußball	Tischtennis-schläger	Tischtennisbälle, Sechserpackung	Tischtennisnetz
			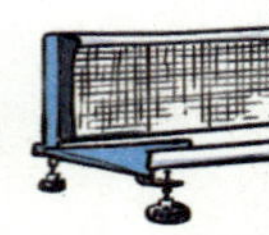
14,59 €	18,89 €	2,19 €	20,79 €

Berechne die Preise für a) 3 Fußbälle, b) 4 Tischtennisschläger, c) 5 Sechserpackungen Tischtennisbälle, d) 2 Tischtennisnetze.

a) 3 Fußbälle kosten __________.
b) 4 Tischtennisschläger kosten __________.
c) 5 Sechserpackungen kosten __________.
d) 2 Tischtennisnetze kosten __________.

4.

a) 5,7 · 7
b) 4,3 · 8
c) 15,9 · 4
d) 3,66 · 5
e) 4,5 · 28
f) 8,3 · 19
g) 39,6 · 47
h) 5,78 · 25

5. Im Kopf oder schriftlich?

a) 0,5 · 4 = ________
1,4 · 7 = ________

b) 34,6 · 7 = ________
15,1 · 2 = ________

c) 3,1 · 2 = ________
0,6 · 3 = ________

Dezimalzahlen multiplizieren

1. Die Tannwald-Schule kauft Pausenspielzeug. Berechne die Preise.

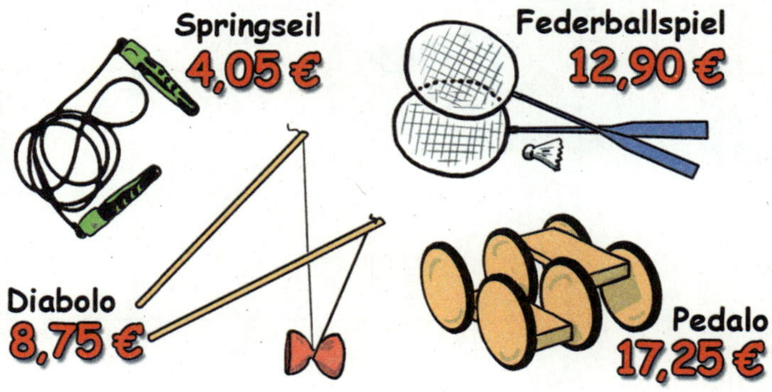

a) 5 Pedalos ____________

b) 3 Federballspiele ____________

c) 4 Diabolos ____________

d) 12 Springseile ____________

Beim Multiplizieren von Dezimalzahlen setzt man das Komma erst im Ergebnis.
Das Ergebnis hat so viele Stellen nach dem Komma, wie beide Dezimalzahlen zusammen.

2. Wie viel Euro zahlen die Kunden?

Leon zahlt ____________ €. Fatime zahlt ____________ €. Anna zahlt ____________ €.

3. Überschlage, dann kreuze das richtige Ergebnis an.

a) 4,3 · 2,8	b) 14,2 · 0,8	c) 6,5 · 9,2	d) 3,4 · 8,6
◯ 8,24	◯ 15,76	◯ 59,8	◯ 20,24
◯ 12,04	◯ 2,86	◯ 47,24	◯ 40,84
◯ 19,44	◯ 11,36	◯ 80,6	◯ 29,24

Dezimalzahlen durch eine natürliche Zahl dividieren

1. Wie viel Euro kostet jeweils ein Stück? Ergänze die Rechnung. Schreibe die Antwort.

a)

4 Stifte
1,60 €

1,60 € : 4 = ____ €

1,60 € = 160 ct
160 ct : 4 = 40 ct
40 ct = 0,40 €

A: ____________________

b)

6 Tinten-
patronen
1,80 €

1,80 € : 6 = ____ €

1,80 € = ____ ct
____ ct : 6 = ____ ct
____ ct = ____ €

A: ____________________

2.

a) 1,50 € : 3 = ____
2,40 € : 6 = ____

b) 2,40 € : 2 = ____
4,90 € : 7 = ____

c) 0,18 € : 2 = ____
0,48 € : 8 = ____

3. Achte auf das Komma.

a) 1,2 : 3 = ____
2,5 : 5 = ____
1,4 : 2 = ____
3,6 : 6 = ____

b) 4,8 : 6 = ____
7,2 : 9 = ____
6,4 : 8 = ____
3,5 : 7 = ____

4.

a) 1,50 : 5 = ____
0,15 : 5 = ____
2,70 : 9 = ____
0,27 : 9 = ____

b) 0,90 : 3 = ____
0,09 : 3 = ____
0,80 : 4 = ____
0,08 : 4 = ____

c) 0,18 : 2 = ____
0,64 : 8 = ____
5,60 : 7 = ____
1,60 : 2 = ____

5. Ist das Ergebnis richtig oder falsch? Trage ein: r oder f. Berichtige, wenn nötig.

a) 3,60 : 9 = 0,40 r
3,60 : 4 = ~~0,09~~ f; 0,90
7,20 : 9 = 0,80 ____
7,20 : 8 = 0,09 ____

b) 3,2 : 8 = 0,4 ____
5,4 : 6 = 9,0 ____
8,1 : 9 = 9,0 ____
4,5 : 5 = 0,9 ____

c) 2,8 : 4 = 0,7 ____
4,2 : 6 = 0,07 ____
6,3 : 7 = 0,9 ____
4,9 : 7 = 7,0 ____

d) 1,2 : 3 = 0,4 ____
1,2 : 6 = 0,02 ____
3,2 : 4 = 0,08 ____
3,2 : 8 = 0,4 ____

6. Musst du jedes Mal ganz neu rechnen?

a) 6 : 3 = ____
0,6 : 3 = ____
0,06 : 3 = ____

b) 12 : 4 = ____
1,2 : 4 = ____
0,12 : 4 = ____

c) 110 : 2 = ____
1,1 : 2 = ____
0,11 : 2 = ____

Dezimalzahlen durch eine natürliche Zahl dividieren

1. Wie viel Euro kostet eine Flasche Klebstoff?

R: 12,84 : 6 = 2,
12
08

A: ______________________________

2. Vervollständige die Rechnungen.

a) 53,25 : 3 = 17
3
23
21
2

b) 62,65 : 5 = 1
5
12

c) 59,04 : 8 =

d) 0,98 : 7 = 0,
0
0

3. Im Kopf oder schriftlich?

a)	b)	c)
34,8 : 10 = ______	59,71 : 7 = ______	15,6 : 10 = ______
73,8 : 6 = ______	12,6 : 6 = ______	0,5 : 2 = ______
3,2 : 8 = ______	0,8 : 2 = ______	55,5 : 5 = ______
7,7 : 7 = ______	4,5 : 9 = ______	2,1 : 2 = ______

Vermischte Übungen

1. Die Summe der Zahlen in zwei nebeneinander liegenden Steinen steht im Stein darüber.

a)

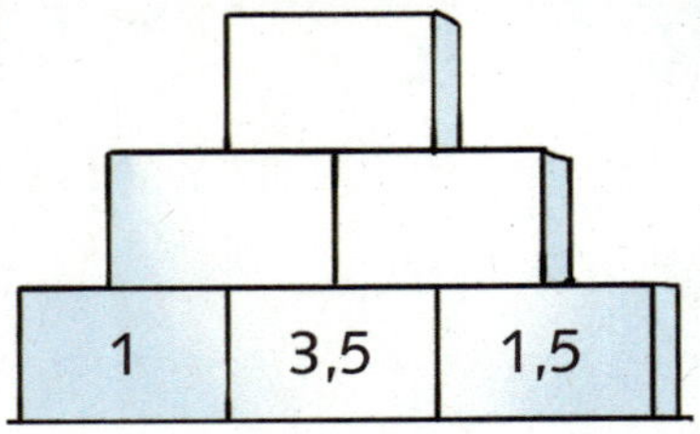

b)

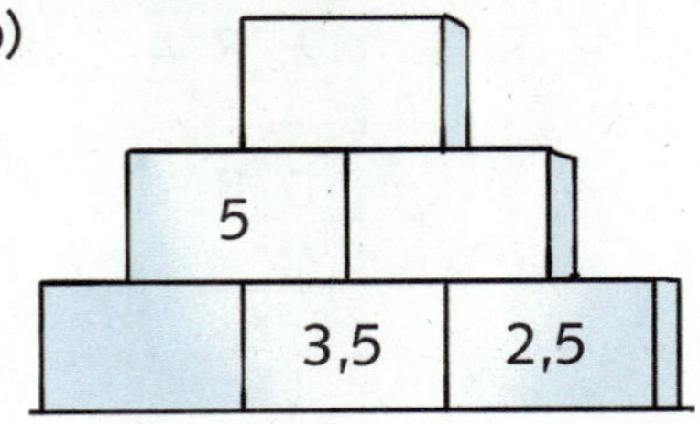

c)

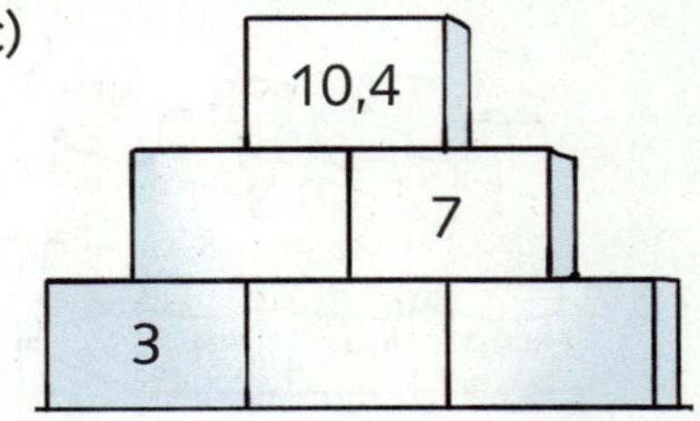

2. Schreibe untereinander und addiere oder subtrahiere.

a) 43,75 + 36,52

b) 68,34 – 19,27

c) 57,7 – 23,45

3. Multipliziere schriftlich.

a) 7,8 · 3 b) 5,6 · 7 c) 23,8 · 4 d) 4,17 · 5

e) 3,7 · 36 f) 7,6 · 24 g) 27,5 · 34 h) 8,36 · 57

4. Wie viel Euro kostet jeweils eine Packung?

6 Packungen
14,16 €

4 Packungen
14,68 €

A: ______________________

5. a) 7,48 · 10 = ______ b) 16,3 · 100 = ______ c) 9,265 · 10 = ______

438 : 100 = ______ 79,2 : 100 = ______ 528,7 : 1000 = ______

6. Im Kopf oder schriftlich?

a) 18,3 : 3 = ______ b) 20,4 : 6 = ______ c) 55,5 : 5 = ______

2 Kreis und Winkel

So zeichnest du mit dem Zirkel einen Kreis mit dem Radius r = 2 cm.

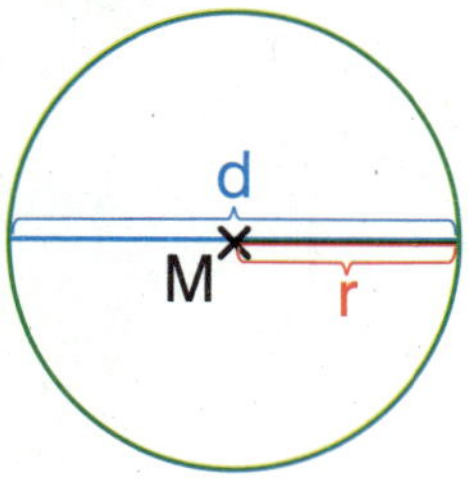

M: Mittelpunkt
d: Durchmesser
r: Radius

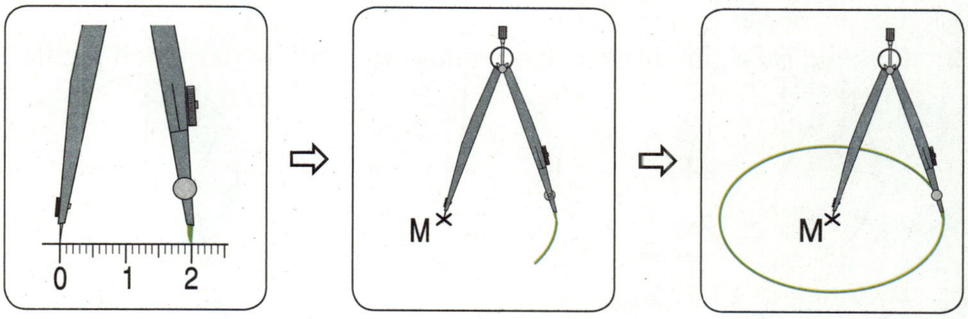

1. Zeichne den Kreis mit dem angegebenen Radius um den Mittelpunkt M.

a) r = 2 cm   b) r = 3 cm   c) r = 1,5 cm

2. Zeichne einen Durchmesser in den Kreis ein. Miss den Durchmesser. Gib den Radius an.

a)

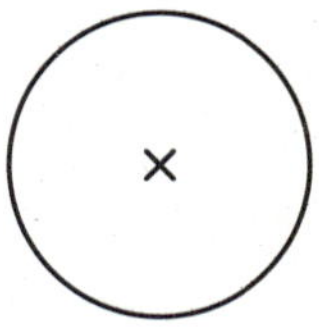

d = ________

r = ________

b)

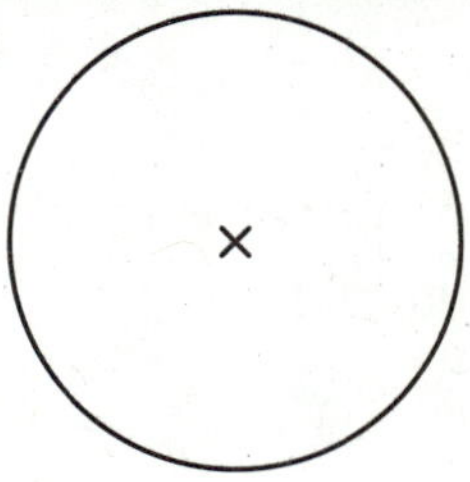

d = ________

r = ________

3. Setze das Kreismuster fort.

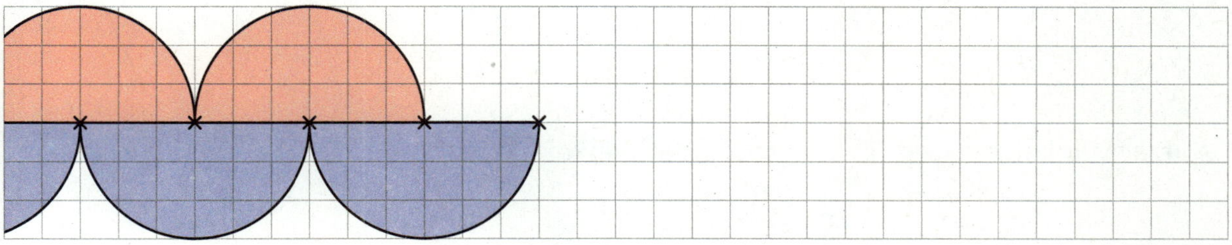

Winkel und Winkelarten

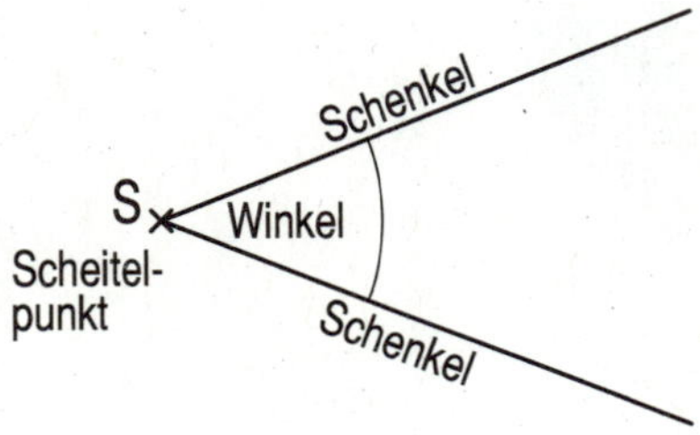

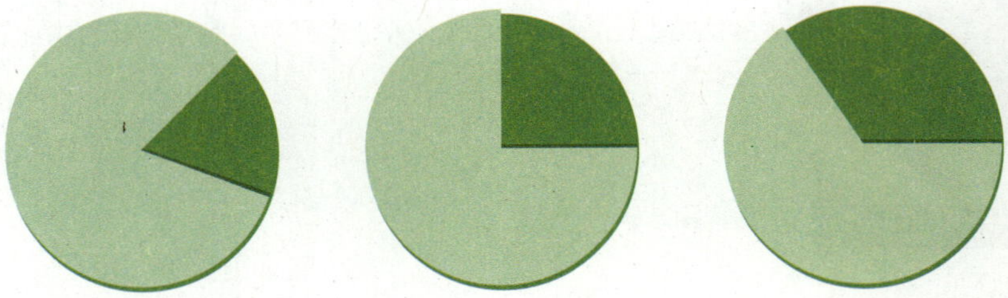

spitzer Winkel | rechter Winkel | stumpfer Winkel

1. Bilden die Zeiger einen spitzen, einen stumpfen oder einen rechten Winkel?

a) b) c) d)

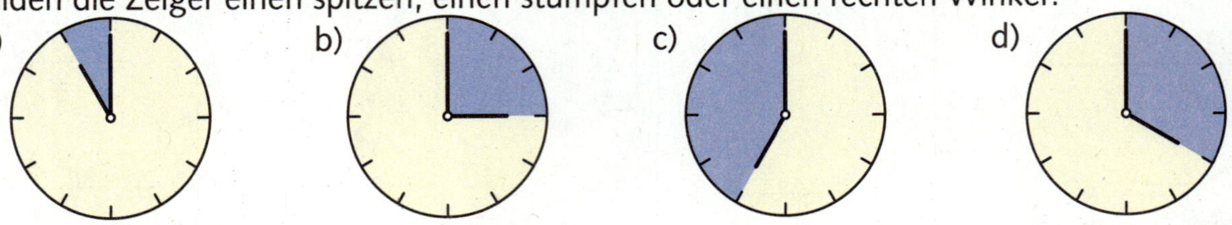

2. Färbe spitze Winkel rot, stumpfe Winkel blau und rechte Winkel grün.

a) b) c)

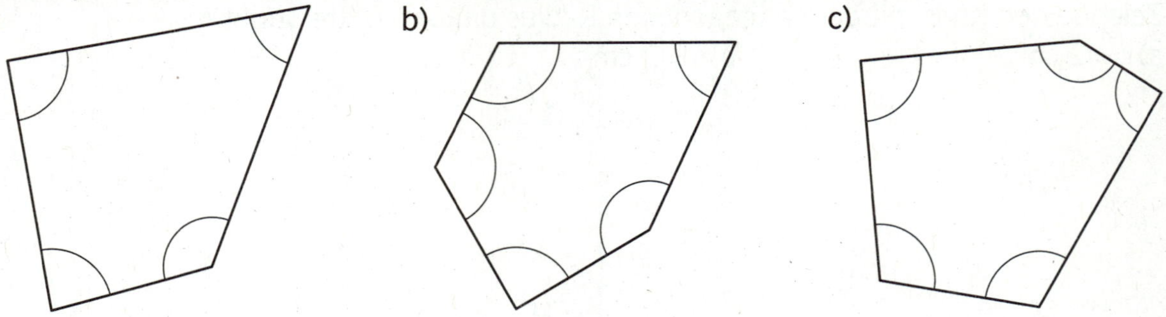

3. Winkel werden mit griechischen Buchstaben bezeichnet:
α (alpha, sprich: alfa), β (beta), γ (gamma)

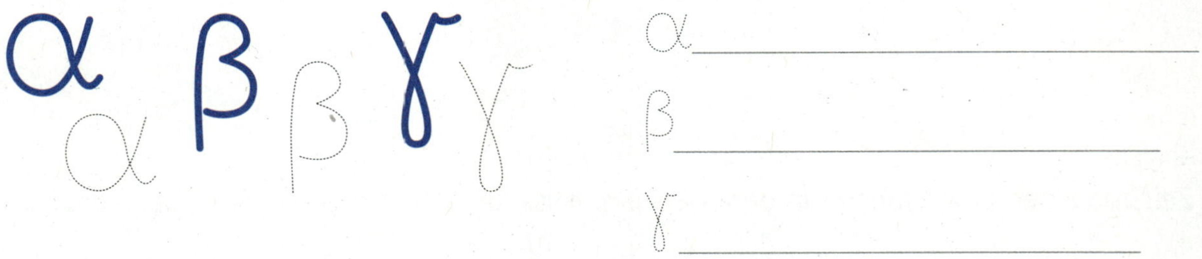

4. Welcher Winkel ist ein spitzer Winkel, welcher ist ein rechter Winkel, welcher ist ein stumpfer Winkel? Trage ein.

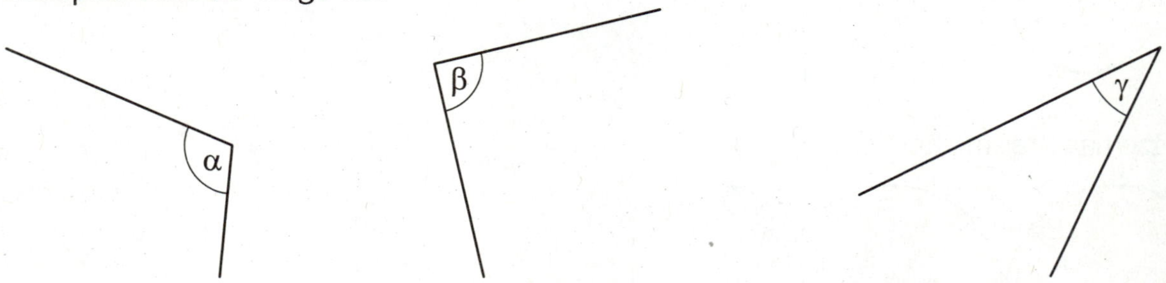

spitzer Winkel: ______ stumpfer Winkel: ______ rechter Winkel: ______

Winkel messen

1. Lies die Gradzahl für den spitzen und für den stumpfen Winkel ab. Trage ein.

a)

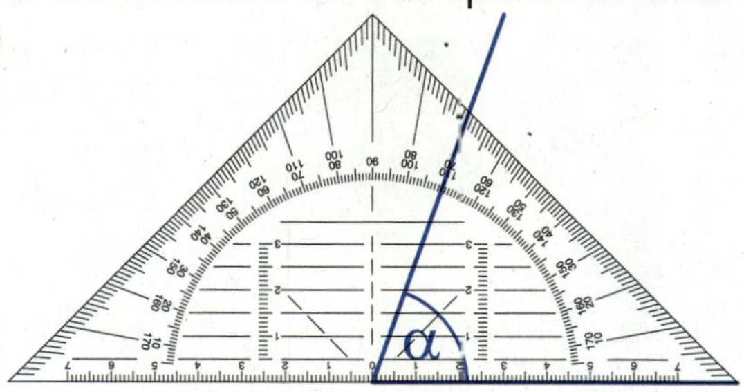

α = ________

b)

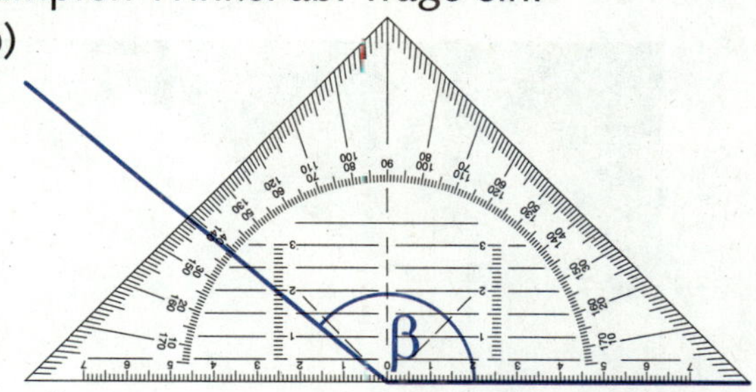

β = ________

2. Ordne zu. Verbinde.

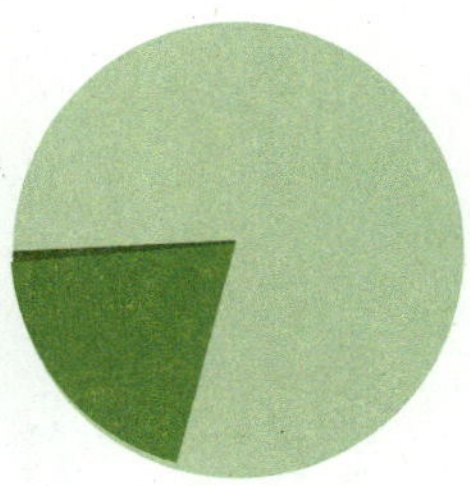
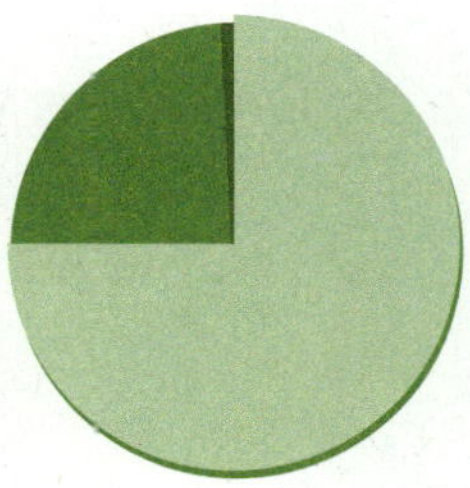
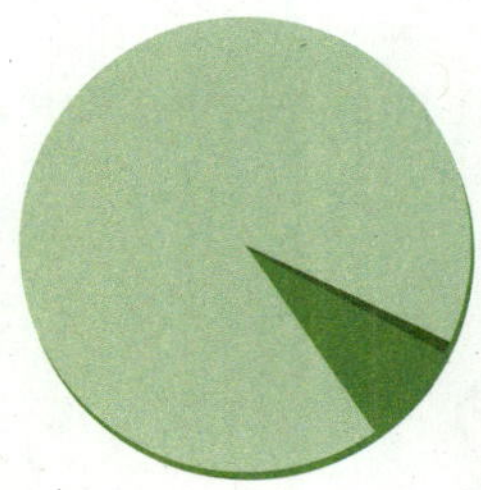
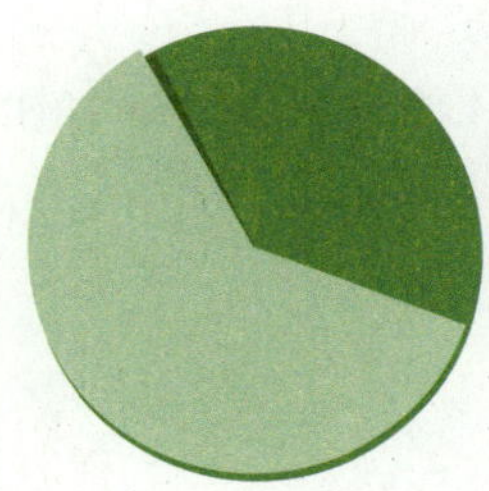

30°	70°	140°	90°

3. Ist der Winkel ein spitzer, ein rechter oder ein stumpfer Winkel? Schätze die Größe des Winkels, dann überprüfe durch Messen.

a) Winkelart: ________

geschätzt: ________

gemessen: ________

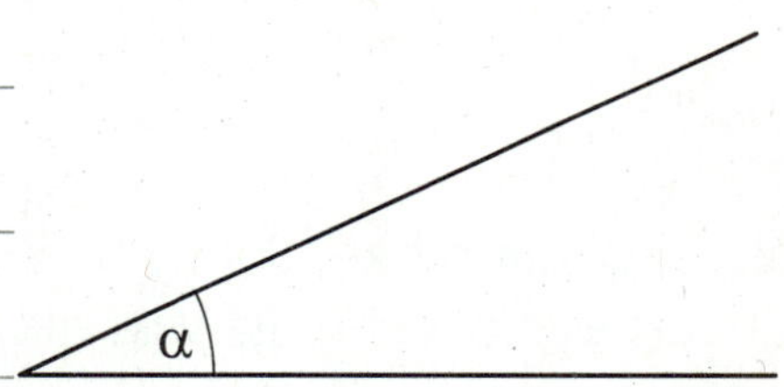

b) Winkelart: ________

geschätzt: ________

gemessen: ________

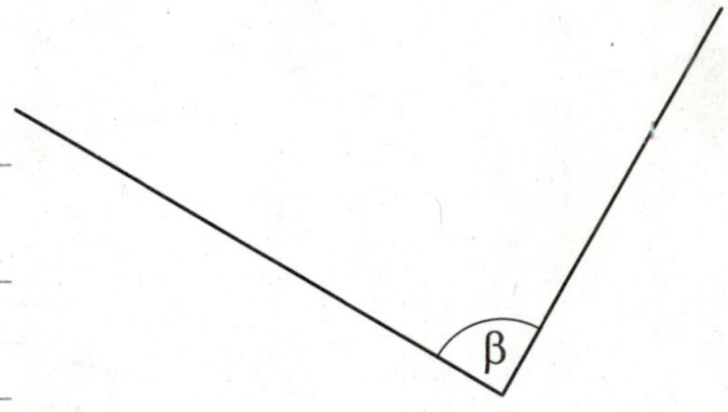

c) Winkelart: ________

geschätzt: ________

gemessen: ________

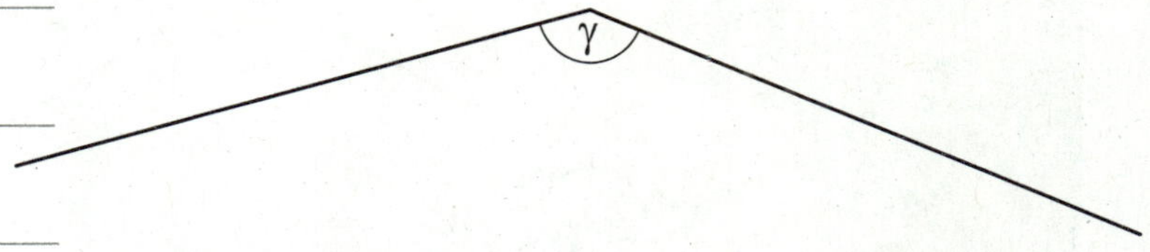

Winkel messen

1. Miss die Größe des Winkels.

a)

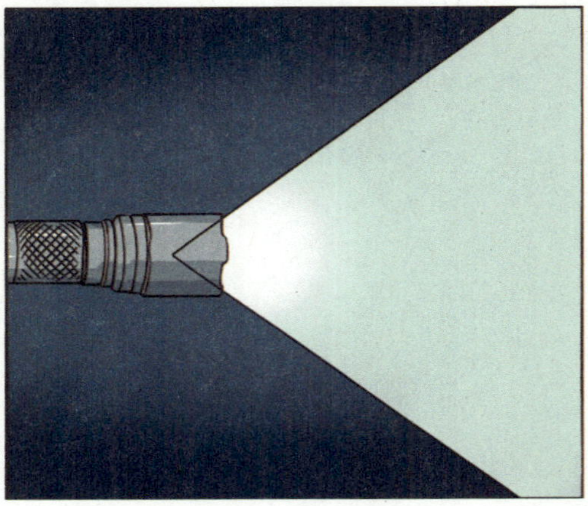

b)

2. Der Motorradfahrer legt sich in eine Kurve. Miss die Größe des Winkels.

a)

b)

c)

3. Bei Sonnenschein mäht das Solarschaf „Sonny" kreuz und quer den Rasen. Wenn es an ein Hindernis stößt, ändert es die Richung. Miss die Winkel.

Winkel zeichnen

1. Zeichne den Winkel mit dem Scheitelpunkt S.

a) 35°

b) 63°

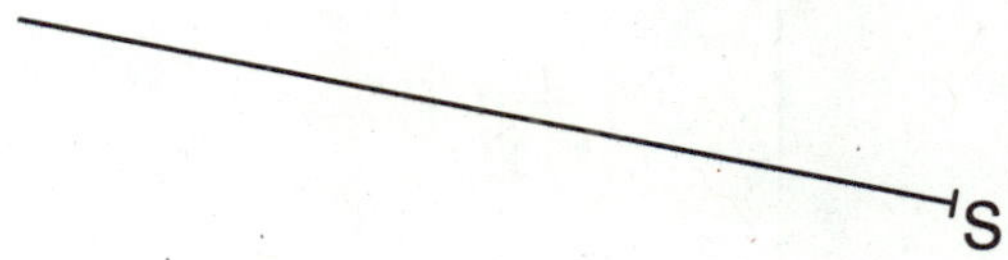

c) 90°

d) 125°

2. Wer leuchtet den Igel an? Zeichne für jeden Lichtkegel den fehlenden Schenkel, dann siehst du es.

A: ____

Vermischte Übungen

1. Zeichne die Kreismuster. Wie groß ist der Radius deiner Kreise?

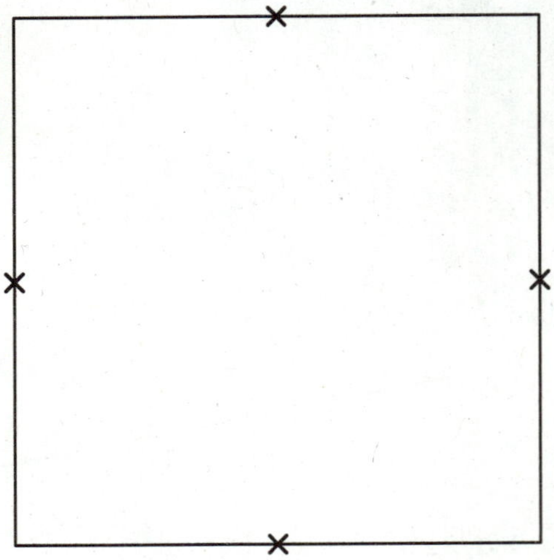

Radius:

r = ______

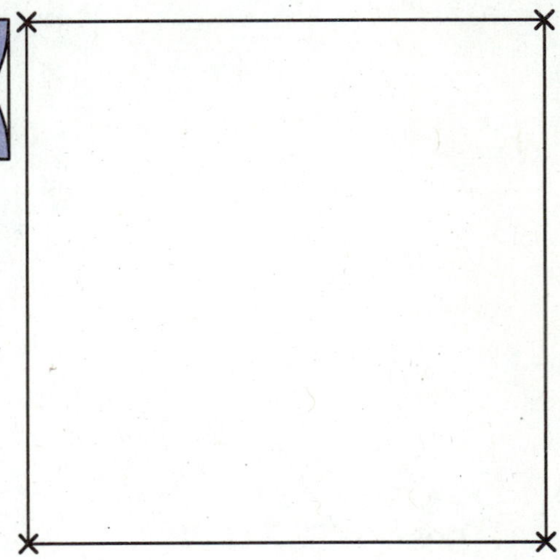

Radius:

r = ______

2. Färbe spitze Winkel rot, stumpfe Winkel blau und rechte Winkel grün.

a)

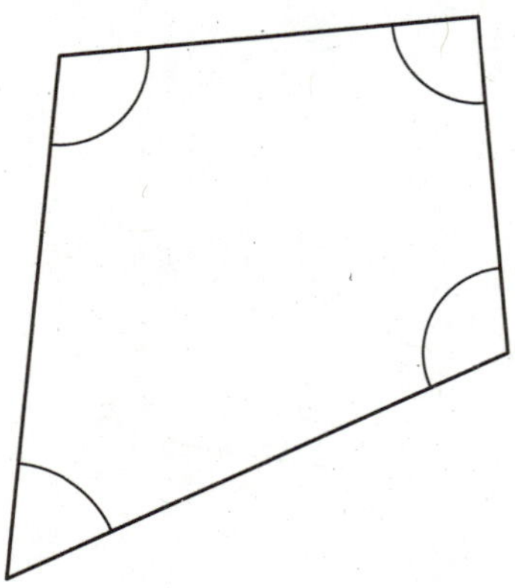

b)

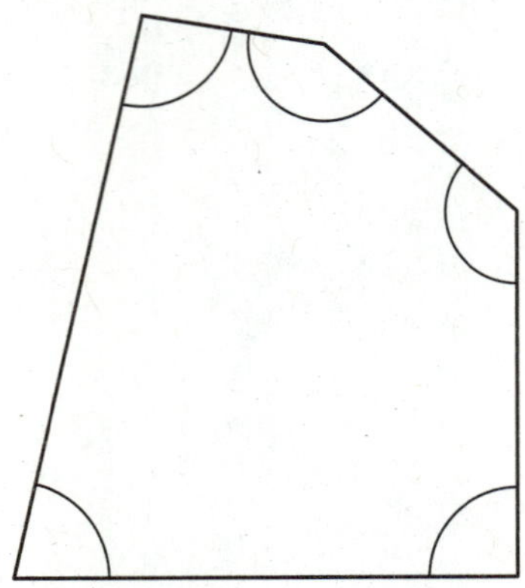

c)

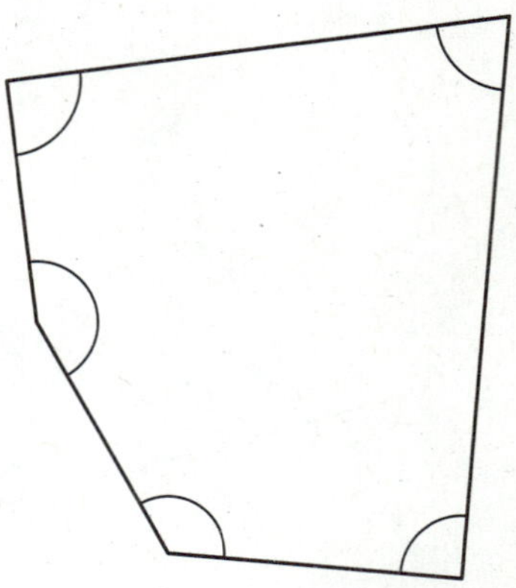

3. a) Ist der Winkel ein spitzer, ein rechter oder ein stumpfer Winkel? Trage ein.
b) Schätze die Größe des Winkels. Prüfe durch Messen.

	Winkelart	geschätzt	gemessen
α			
β			
γ			

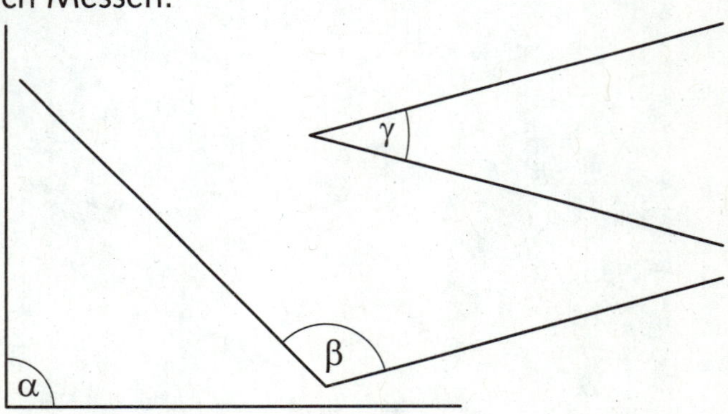

4. Zeichne den Winkel mit dem Scheitelpunkt S.

a) $\alpha = 42°$

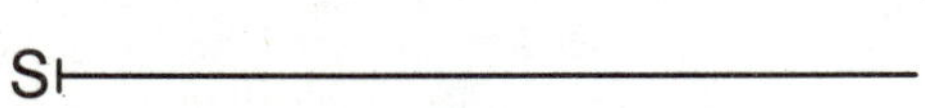

b) $\beta = 135°$

3 Brüche

1. Welcher Bruchteil ist gefärbt?

a) 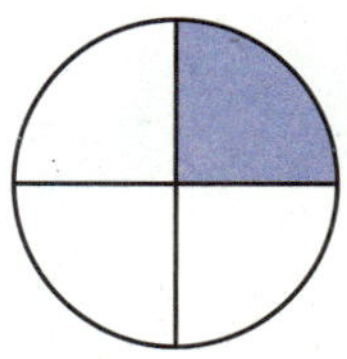 $\frac{1}{4}$

b) 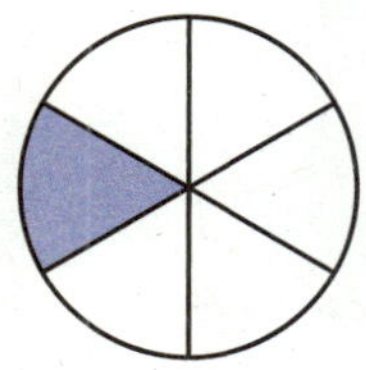 –

c) 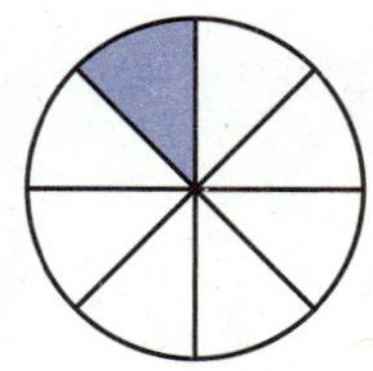 –

d) 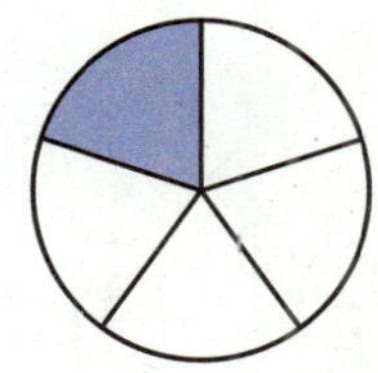 –

e) 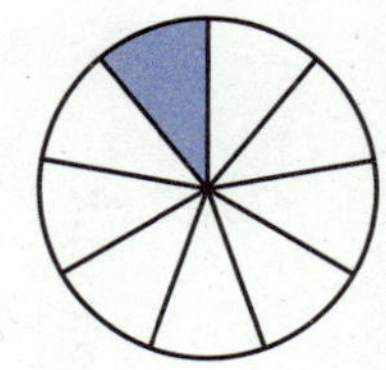 –

f) 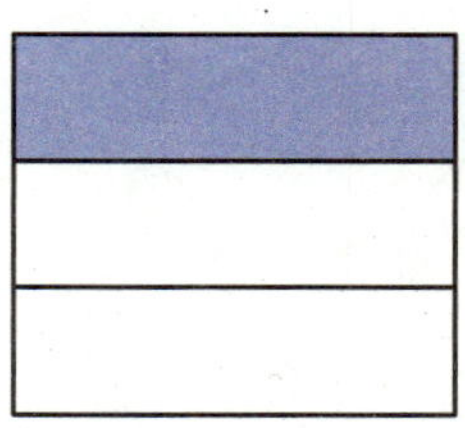 –

g) 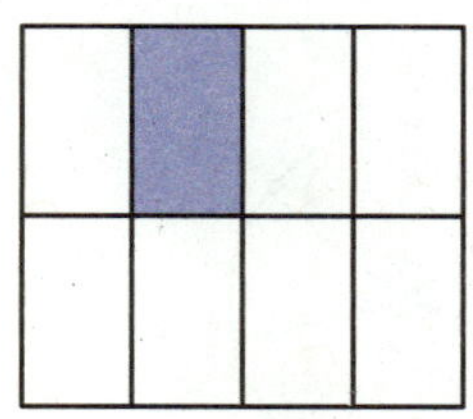 –

h) 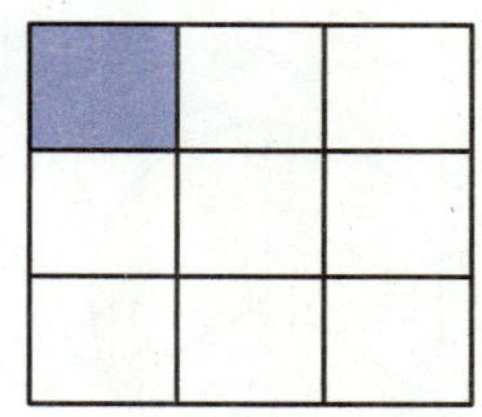 –

i) 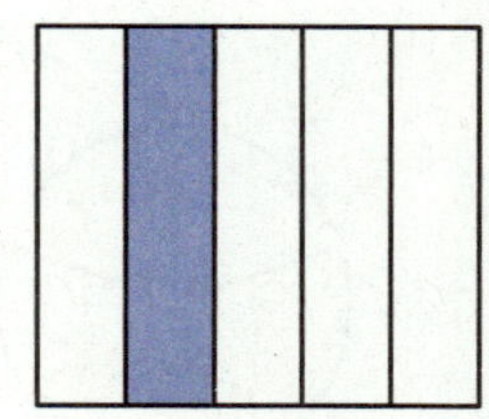 –

2. Färbe einen Teil des Ganzen. Schreibe als Bruch.

a) 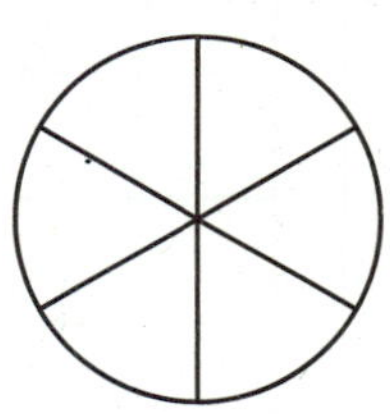 $\frac{1}{6}$

b) 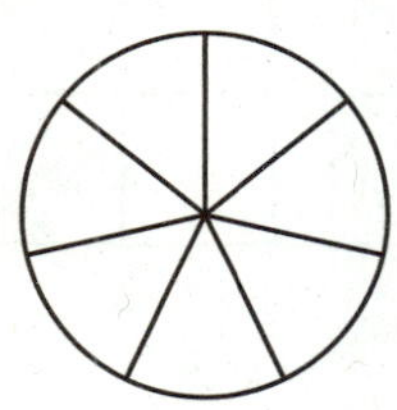 $\frac{1}{}$

c)  –

d)  –

e) 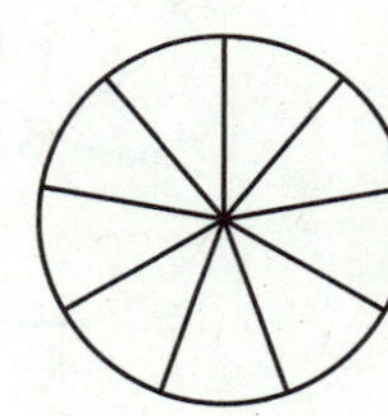 –

f) 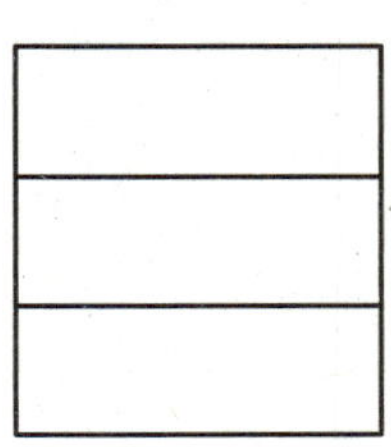 –

g) 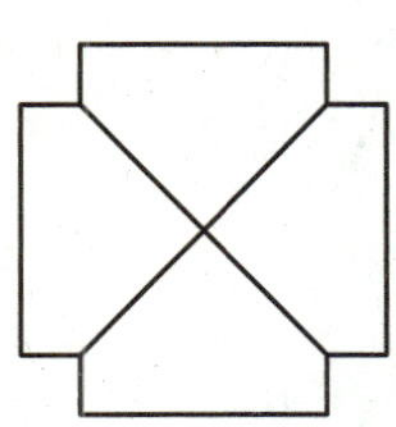 –

h)  –

i) 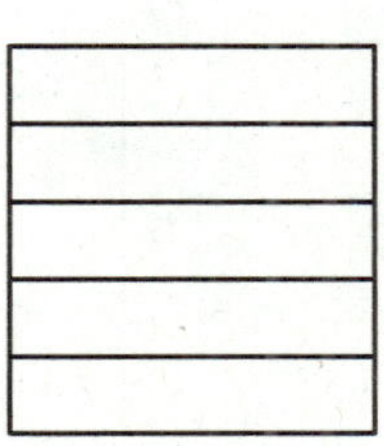 –

j) 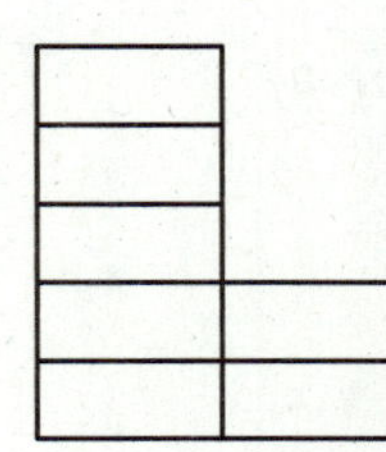 –

3. Finde verschiedene Möglichkeiten, das Quadrat in 4 gleich große Teile zu teilen.
Färbe jeweils $\frac{1}{4}$.

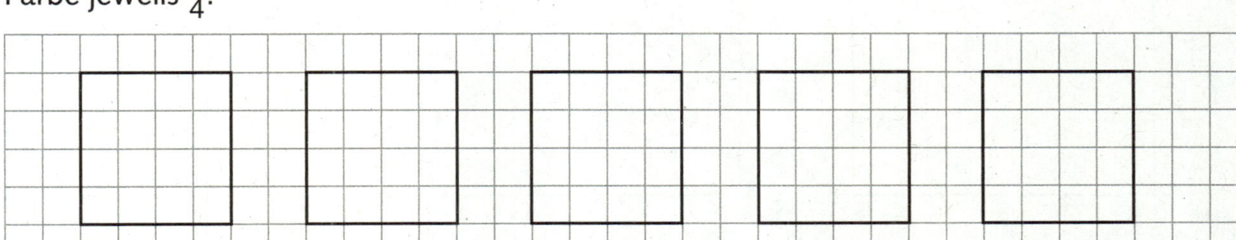

Brüche darstellen

1. Verbinde.

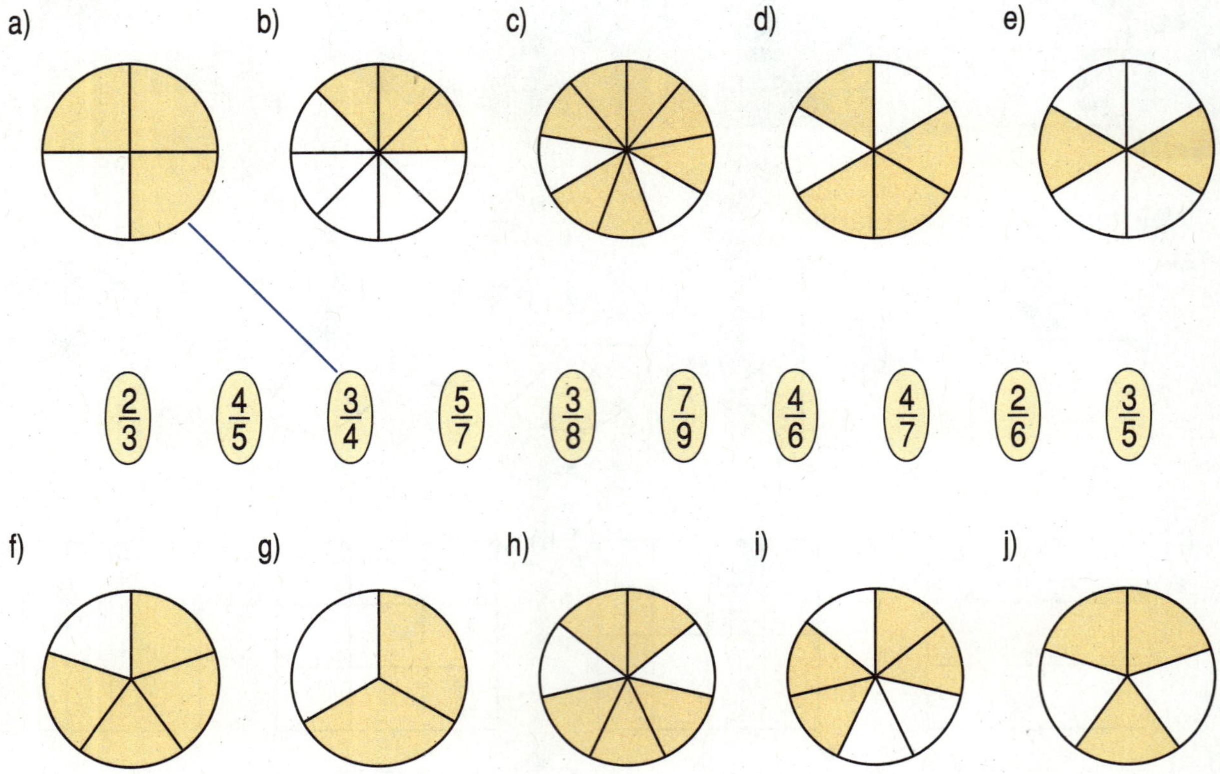

2. Färbe den angegebenen Bruchteil.

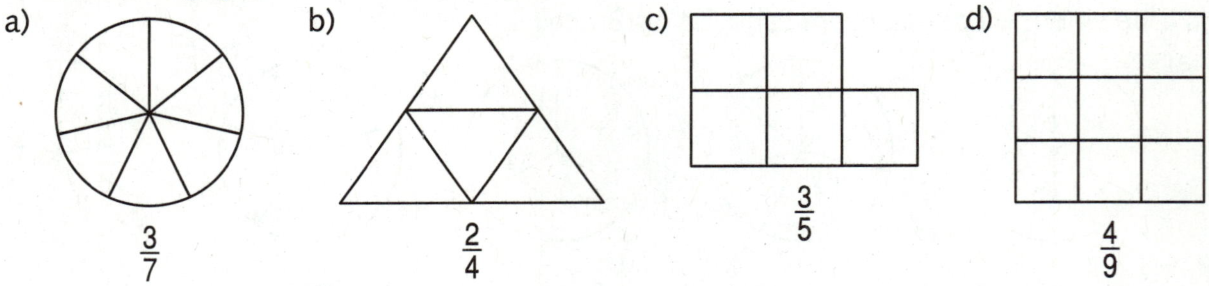

3. Färbe den angegebenen Bruchteil.

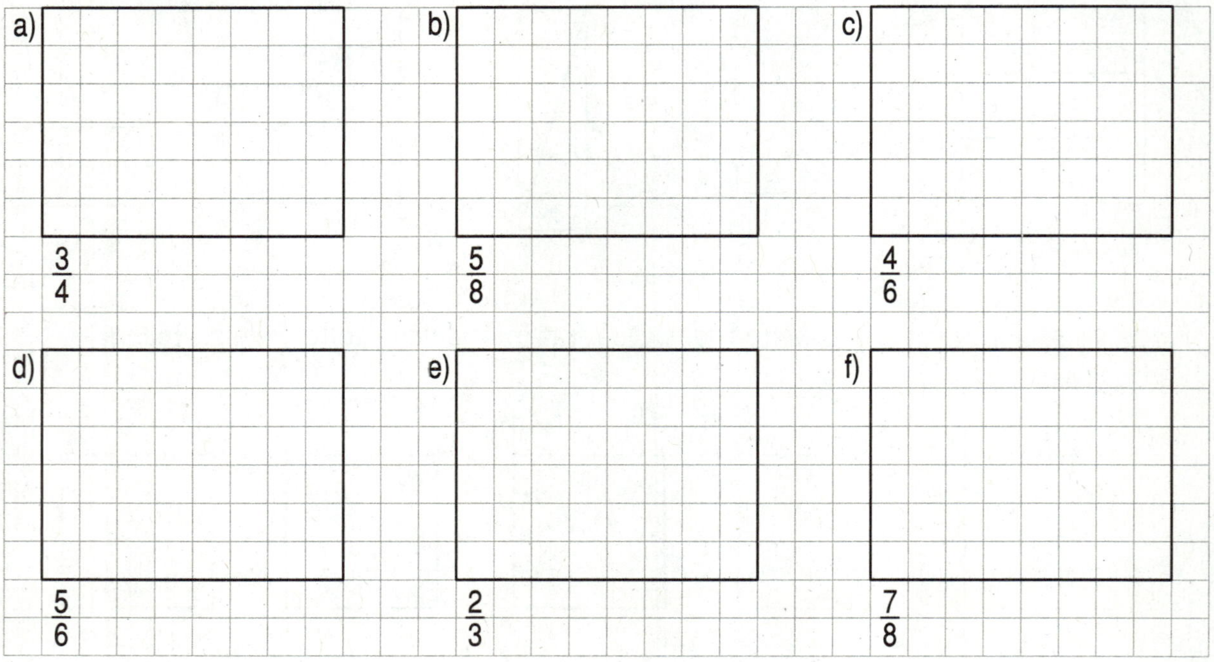

Brüche erweitern

1. Mit welcher Zahl wurde erweitert? Zeichne.

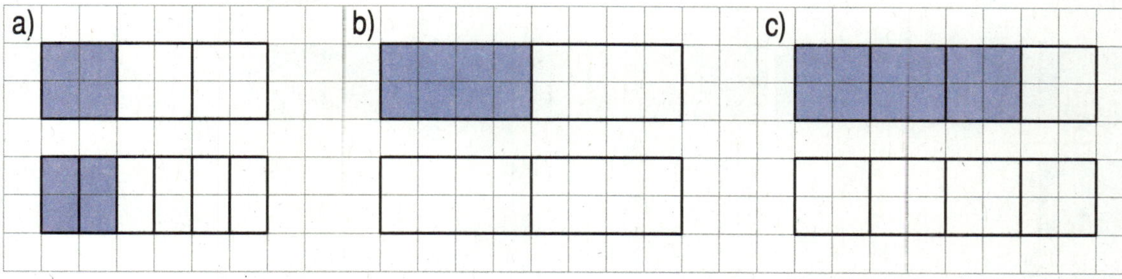

$\frac{1}{3} = \frac{2}{6}$ $\frac{1}{2} = \frac{4}{8}$ $\frac{3}{4} = \frac{6}{8}$

erweitert mit 2 erweitert mit ______ erweitert mit ______

2. Erweitere mit 3. Ergänze die Zeichnungen. Wie heißt der neue Bruch?

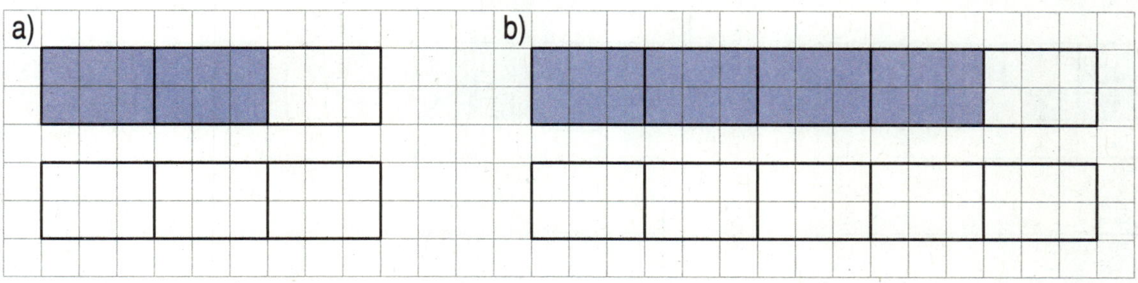

$\frac{2}{3} = \underline{\quad}$ $\frac{4}{5} = \underline{\quad}$

3. Mit welcher Zahl wurde erweitert? Wie heißt der neue Bruch?

a) $\frac{1}{2} = \frac{1\cdot\quad}{2\cdot\quad} = \frac{4}{8}$

$\frac{1}{4} = \frac{1\cdot\quad}{4\cdot\quad} = \frac{\quad}{8}$

$\frac{1}{6} = \frac{1\cdot\quad}{6\cdot\quad} = \frac{2}{\quad}$

b) $\frac{2}{3} = \frac{2\cdot\quad}{3\cdot\quad} = \frac{\quad}{9}$

$\frac{2}{5} = \frac{2\cdot\quad}{5\cdot\quad} = \frac{6}{\quad}$

$\frac{3}{4} = \frac{3\cdot\quad}{4\cdot\quad} = \frac{\quad}{16}$

c) $\frac{4}{5} = \frac{4\cdot\quad}{5\cdot\quad} = \frac{8}{\quad}$

$\frac{5}{6} = \frac{5\cdot\quad}{6\cdot\quad} = \frac{\quad}{30}$

$\frac{3}{4} = \frac{\quad\cdot\quad}{\quad\cdot\quad} = \frac{18}{\quad}$

4.

Erweitere mit	2	3	4	5	7	8
$\frac{1}{4}$						
$\frac{2}{3}$						
$\frac{5}{3}$						
$\frac{3}{7}$						

5. Immer zwei Brüche sind gleich. Verbinde.

a) $\frac{2}{3}$ $\frac{3}{5}$ $\frac{1}{2}$ $\frac{1}{4}$

$\frac{5}{10}$ $\frac{2}{8}$ $\frac{4}{6}$ $\frac{6}{10}$

b) $\frac{3}{4}$ $\frac{1}{10}$ $\frac{2}{5}$ $\frac{1}{3}$

$\frac{15}{20}$ $\frac{4}{10}$ $\frac{3}{9}$ $\frac{10}{100}$

Brüche kürzen

1. Durch welche Zahl wurde gekürzt? Zeichne.

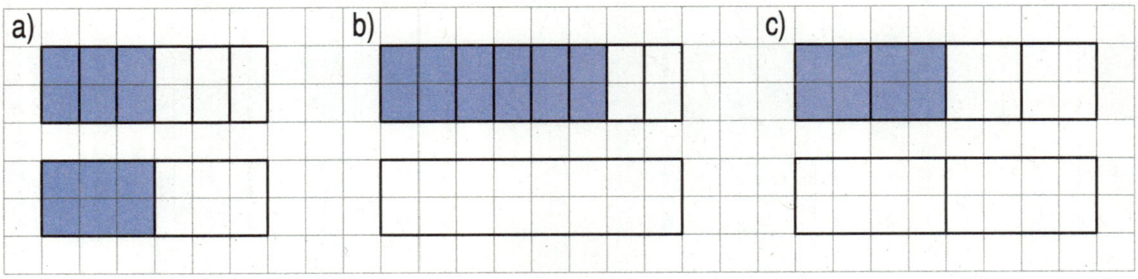

$\frac{3}{6} = \frac{1}{2}$ $\qquad$ $\frac{6}{8} = \frac{3}{4}$ $\qquad$ $\frac{2}{4} = \frac{1}{2}$

gekürzt durch 3 $\qquad$ gekürzt durch ______ $\qquad$ gekürzt durch ______

2. Kürze durch 3. Ergänze die Zeichnung. Wie heißt der neue Bruch?

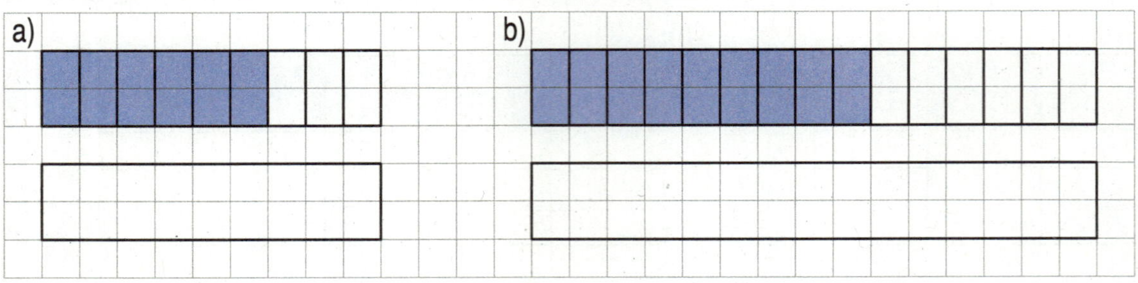

$\frac{6}{9} = \underline{\quad}$ $\qquad$ $\frac{9}{15} = \underline{\quad}$

3. a) Kürze durch 2: $\frac{4}{10} = \underline{\quad}$ $\qquad$ $\frac{6}{12} = \underline{\quad}$ $\qquad$ $\frac{10}{10} = \underline{\quad}$ $\qquad$ $\frac{18}{20} = \underline{\quad}$

b) Kürze durch 5: $\frac{5}{20} = \underline{\quad}$ $\qquad$ $\frac{15}{25} = \underline{\quad}$ $\qquad$ $\frac{35}{50} = \underline{\quad}$ $\qquad$ $\frac{15}{100} = \underline{\quad}$

4. Durch welche Zahl wurde gekürzt? Wie heißt der neue Bruch?

a) $\frac{2}{6} = \frac{2:\underline{\quad}}{6:\underline{\quad}} = \frac{\underline{\quad}}{3}$ $\qquad$ b) $\frac{9}{15} = \frac{9:\underline{\quad}}{15:\underline{\quad}} = \frac{\underline{\quad}}{5}$ $\qquad$ c) $\frac{16}{20} = \frac{16:\underline{\quad}}{20:\underline{\quad}} = \frac{4}{\underline{\quad}}$

$\frac{5}{10} = \frac{5:\underline{\quad}}{10:\underline{\quad}} = \frac{\underline{\quad}}{2}$ $\qquad$ $\frac{7}{28} = \frac{7:\underline{\quad}}{28:\underline{\quad}} = \frac{\underline{\quad}}{4}$ $\qquad$ $\frac{20}{100} = \frac{20:\underline{\quad}}{100:\underline{\quad}} = \frac{1}{\underline{\quad}}$

5. Kürze. Ordne die Buchstaben zu.

$\frac{3}{18} = \frac{\underline{\quad}}{6}$ K $\qquad$ $\frac{4}{10} = \frac{\underline{\quad}}{5}$ A $\qquad$ $\frac{6}{9} = \frac{\underline{\quad}}{3}$ T $\qquad$ $\frac{6}{21} = \frac{\underline{\quad}}{7}$ H $\qquad$ $\frac{5}{20} = \frac{\underline{\quad}}{4}$ H

$\frac{7}{35} = \frac{\underline{\quad}}{5}$ M $\qquad$ $\frac{8}{14} = \frac{4}{\underline{\quad}}$ E $\qquad$ $\frac{15}{18} = \frac{5}{\underline{\quad}}$ L $\qquad$ $\frac{20}{25} = \frac{4}{\underline{\quad}}$ I $\qquad$ $\frac{10}{14} = \frac{5}{\underline{\quad}}$ R

$\frac{21}{28} = \frac{3}{\underline{\quad}}$ E $\qquad$ $\frac{3}{9} = \frac{1}{\underline{\quad}}$ A $\qquad$ $\frac{3}{24} = \frac{\underline{\quad}}{8}$ N $\qquad$ $\frac{5}{35} = \frac{\underline{\quad}}{7}$ E $\qquad$ $\frac{6}{10} = \frac{3}{\underline{\quad}}$ T

$\frac{7}{14} = \frac{1}{\underline{\quad}}$ M $\qquad$ $\frac{6}{14} = \frac{\underline{\quad}}{7}$ R $\qquad$ $\frac{30}{35} = \frac{6}{\underline{\quad}}$ I

$\frac{1}{2}$	$\frac{1}{3}$	$\frac{2}{3}$	$\frac{1}{4}$	$\frac{3}{4}$	$\frac{1}{5}$	$\frac{2}{5}$	$\frac{3}{5}$	$\frac{4}{5}$	$\frac{1}{6}$	$\frac{5}{6}$	$\frac{1}{7}$	$\frac{2}{7}$	$\frac{3}{7}$	$\frac{4}{7}$	$\frac{5}{7}$	$\frac{6}{7}$	$\frac{1}{8}$

Brüche vergleichen

1. Notiere die Brüche. Setze ein: < oder >

a)

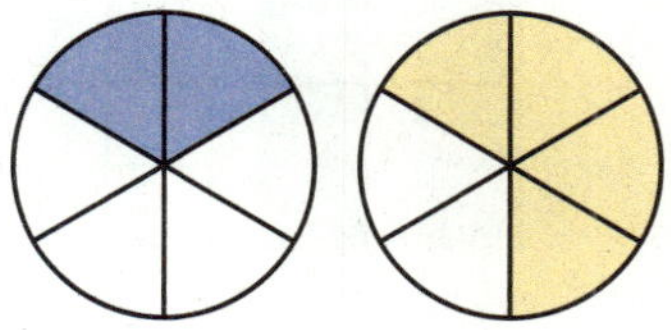

$\frac{}{6} \square \frac{}{6}$

b)

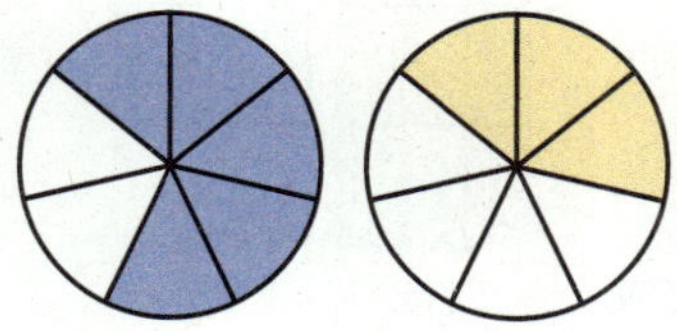

$\_\_ \square \_\_$

c)

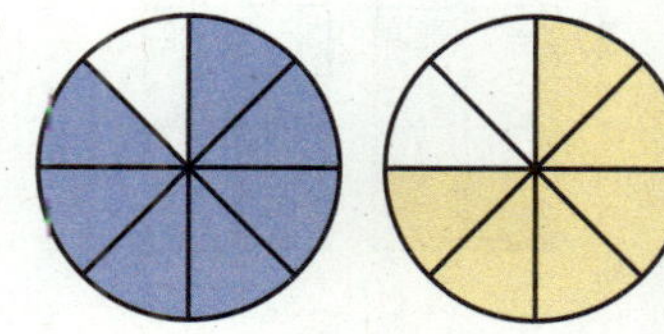

$\_\_ \square \_\_$

d)

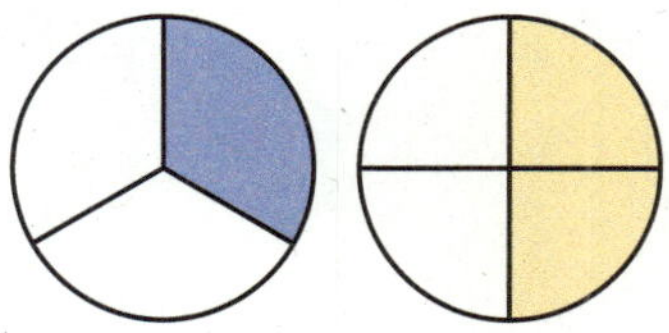

$\_\_ \square \_\_$

e)

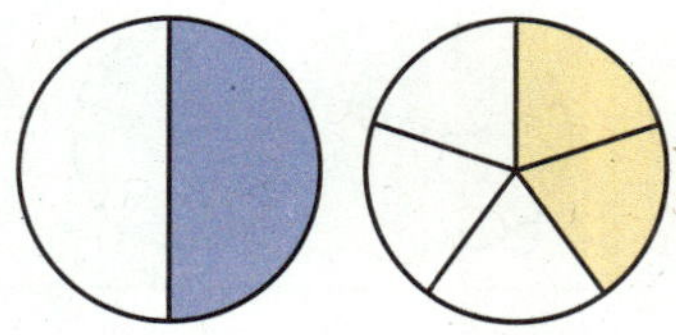

$\_\_ \square \_\_$

f)

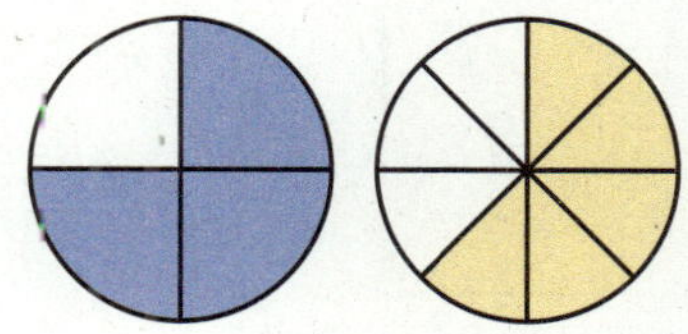

$\_\_ \square \_\_$

2. Färbe die Bruchteile, dann setze ein: < oder >

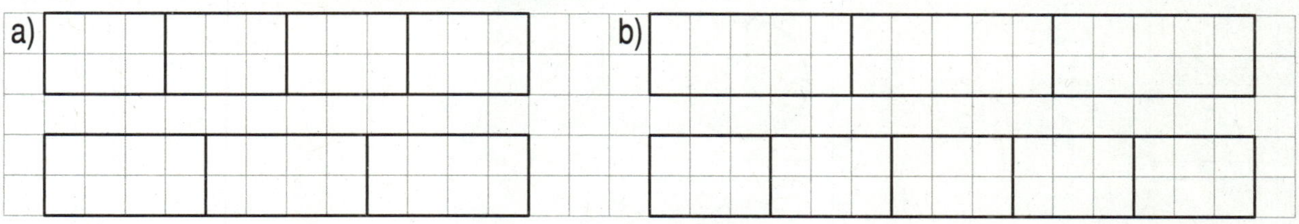

a) $\frac{1}{4} \square \frac{1}{3}$

b) $\frac{2}{3} \square \frac{2}{5}$

3. Setze ein: < oder >

a) $\frac{1}{6} \square \frac{1}{8}$ $\quad \frac{4}{6} \square \frac{4}{8}$

b) $\frac{1}{5} \square \frac{1}{4}$ $\quad \frac{3}{5} \square \frac{3}{4}$

c) $\frac{1}{9} \square \frac{1}{7}$ $\quad \frac{5}{9} \square \frac{5}{7}$

d) $\frac{1}{8} \square \frac{1}{10}$ $\quad \frac{6}{8} \square \frac{6}{10}$

4. Färbe den ersten Bruchteil, dann vergleiche mit $\frac{1}{2}$. Setze ein: < oder >

a)

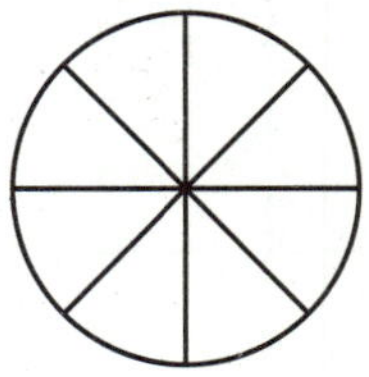

$\frac{3}{8} \square \frac{1}{2}$

b)

$\frac{2}{5} \square \frac{1}{2}$

c)

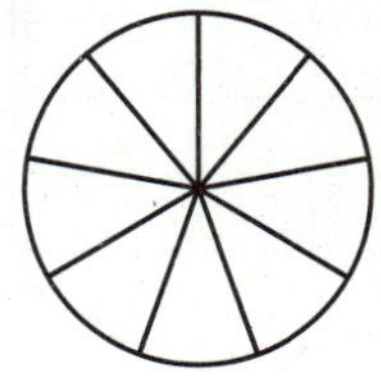

$\frac{5}{9} \square \frac{1}{2}$

d)

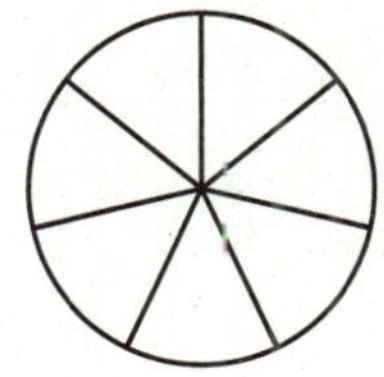

$\frac{4}{7} \square \frac{1}{2}$

e)

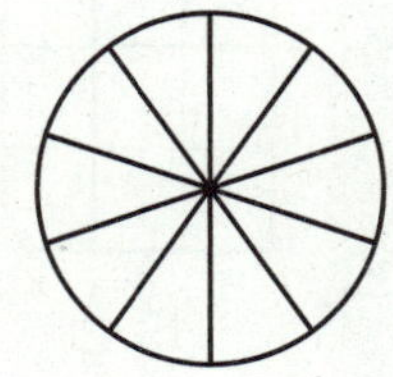

$\frac{4}{10} \square \frac{1}{2}$

5. Setze ein: < oder >

a) $\frac{5}{8} \square \frac{1}{2}$ b) $\frac{3}{5} \square \frac{1}{2}$ c) $\frac{4}{9} \square \frac{1}{2}$ d) $\frac{3}{7} \square \frac{1}{2}$ e) $\frac{7}{10} \square \frac{1}{2}$

6. Ein Bruch ist $>\frac{1}{2}$, der andere Bruch ist $<\frac{1}{2}$. Setze ein: < oder >

a) $\frac{5}{8} \square \frac{3}{7}$ b) $\frac{3}{7} \square \frac{5}{9}$ c) $\frac{4}{9} \square \frac{4}{7}$ d) $\frac{3}{7} \square \frac{6}{10}$ e) $\frac{6}{10} \square \frac{4}{9}$

Gemischte Zahlen

1. Schreibe zu jedem Bild den Bruch und die gemischte Zahl.

a) 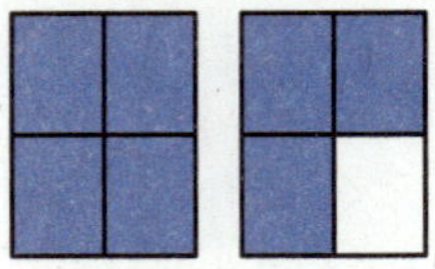

$\frac{7}{4}$ = ____

b) 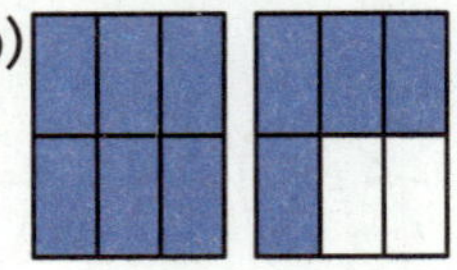

____ = ____

c) 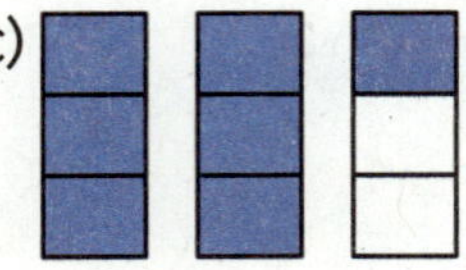

____ = ____

2. Immer drei Karten gehören zusammen. Verbinde.

$\frac{8}{5}$	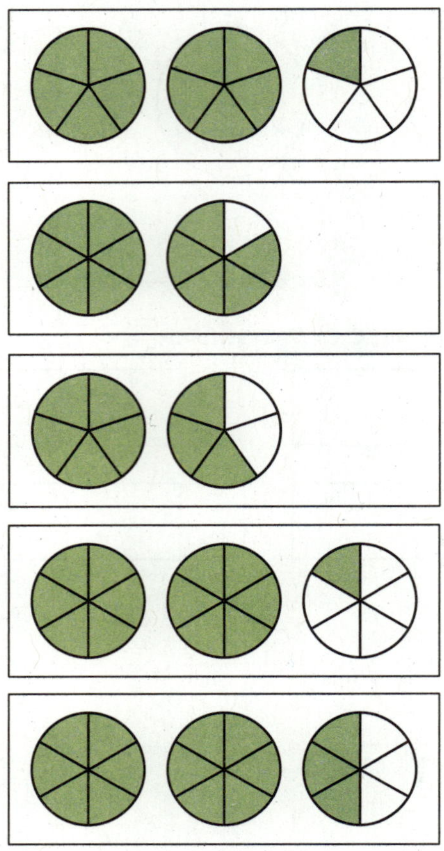	$2\frac{3}{6}$
$\frac{15}{6}$		$2\frac{1}{6}$
$\frac{11}{5}$		$2\frac{1}{5}$
$\frac{11}{6}$		$1\frac{3}{5}$
$\frac{13}{6}$		$1\frac{5}{6}$

3. Färbe die angegebenen Bruchteile und schreibe als gemischte Zahl.

a) 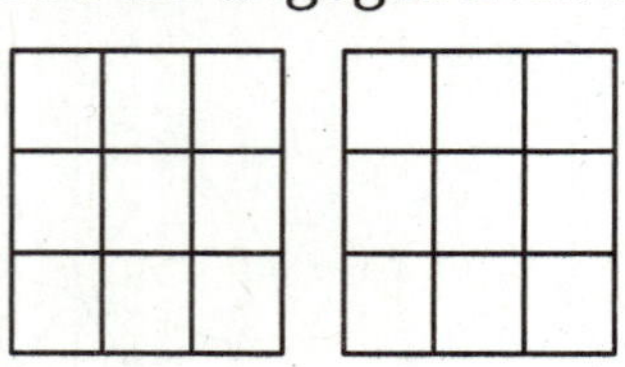

$\frac{13}{9}$ = ________

b) 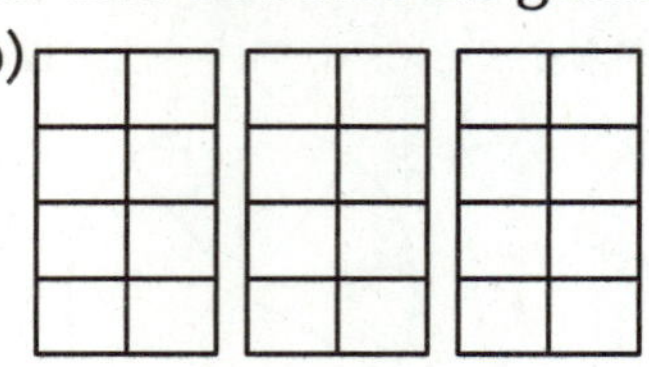

$\frac{19}{8}$ = ________

c) 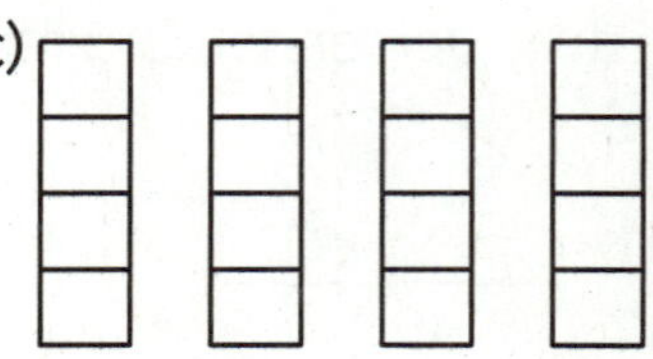

$\frac{13}{4}$ = ________

4. Schreibe den Bruch als gemischte Zahl.

a) $\frac{7}{5}$ = ________ b) $\frac{9}{7}$ = ________ c) $\frac{9}{4}$ = ________ d) $\frac{20}{7}$ = ________

$\frac{5}{3}$ = ________ $\frac{6}{5}$ = ________ $\frac{13}{5}$ = ________ $\frac{15}{4}$ = ________

5. Schreibe die gemischte Zahl als Bruch.

a) $1\frac{1}{3}$ = ________ b) $1\frac{2}{5}$ = ________ c) $2\frac{3}{7}$ = ________ d) $3\frac{2}{3}$ = ________

$1\frac{3}{4}$ = ________ $1\frac{5}{6}$ = ________ $2\frac{3}{5}$ = ________ $4\frac{3}{8}$ = ________

Bruchteile berechnen

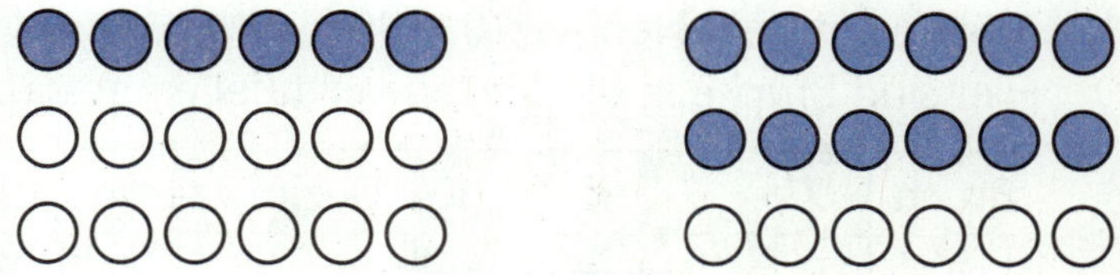

$18 \xrightarrow{:3} 6 \xrightarrow{\cdot 2} 12$

$\frac{1}{3}$ von 18 = 6 $\frac{2}{3}$ von 18 = 12

1. Färbe und berechne.

a) 

$\frac{1}{4}$ von 12 = ____ $\frac{3}{4}$ von 12 = ____

b) 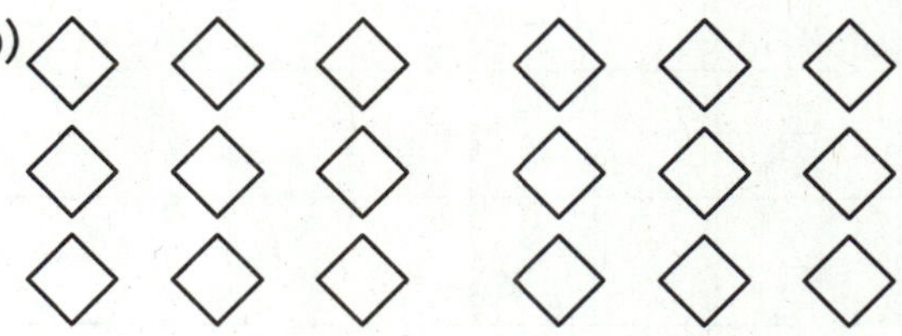

$\frac{1}{3}$ von ____ = ____ $\frac{2}{3}$ von ____ = ____

2. a) $\frac{3}{4}$ von 24 € = ________

$\frac{1}{4}$ von 24 € = ________

$\frac{3}{4}$ von 24 € = ________

b) $\frac{2}{3}$ von 21 € = ________

$\frac{1}{3}$ von ____ = ________

$\frac{2}{3}$ von ____ = ________

c) $\frac{3}{5}$ von 50 € = ________

$\frac{1}{5}$ von ____ = ________

$\frac{3}{5}$ von ____ = ________

d) $\frac{2}{7}$ von 28 € = ________

$\frac{1}{7}$ von ____ = ________

$\frac{2}{7}$ von ____ = ________

e) $\frac{4}{5}$ von 35 € = ________

$\frac{1}{5}$ von ____ = ________

$\frac{4}{5}$ von ____ = ________

f) $\frac{5}{9}$ von 45 € = ________

$\frac{1}{9}$ von ____ = ________

$\frac{5}{9}$ von ____ = ________

3. a) $\frac{3}{4}$ von 16 € = ________

$\frac{2}{3}$ von 30 € = ________

$\frac{4}{10}$ von 50 € = ________

b) $\frac{2}{5}$ von 20 kg = ________

$\frac{3}{6}$ von 60 kg = ________

$\frac{3}{5}$ von 40 kg = ________

c) $\frac{3}{5}$ von 35 m = ________

$\frac{5}{8}$ von 64 m = ________

$\frac{3}{7}$ von 28 m = ________

4. Der Weg zur Bushaltestelle ist 900 m lang. Nach $\frac{2}{3}$ der Strecke kommt Natalie an einer Bäckerei vorbei.

a) Nach wie viel Metern kommt sie an der Bäckerei vorbei?

A: ________________________________

b) Wie viel Meter muss sie noch zur Haltestelle gehen?

A: ________________________________

Vom Bruch zur Dezimalzahl

1. Brüche mit dem Nenner 10, 100, 1000, … kannst du als Dezimalzahlen schreiben.
Hier sind Brüche in die Stellenwerttafel eingetragen. Vervollständige die Eintragungen.

Bruch	Z	E	z	h	Dezimalzahl
	10	1	$\frac{1}{10}$	$\frac{1}{100}$	
$\frac{7}{10}$		0	7		0,7
$\frac{23}{10}$		2	3		2,3
$\frac{13}{10}$					
$\frac{37}{10}$					

Bruch	Z	E	z	h	Dezimalzahl
	10	1	$\frac{1}{10}$	$\frac{1}{100}$	
$\frac{17}{100}$		0	1	7	
$\frac{79}{100}$					
$\frac{9}{100}$					
$\frac{129}{100}$					

2. Erweitere auf den Nenner 10 oder 100. Dann schreibe als Dezimalzahl.

a) $\frac{3}{5} = \frac{}{10} =$ ______ b) $\frac{3}{4} = \frac{}{100} =$ ______ c) $\frac{3}{20} = \frac{}{100} =$ ______ d) $\frac{4}{25} = \frac{}{100} =$ ______

$\frac{2}{5} = \frac{}{} =$ ______ $\frac{1}{4} = \frac{}{} =$ ______ $\frac{35}{20} = \frac{}{} =$ ______ $\frac{9}{25} = \frac{}{} =$ ______

3. Du kannst jeden Bruch in eine Dezimalzahl umwandeln, indem du dividierst.

$\frac{1}{4} = 1 : 4$

```
1 : 4 = 0,25
0
10
 8
 20
 20
  0
```

Wandle um in Dezimalzahlen.

a) $\frac{3}{4} =$ ______

b) $\frac{1}{5} =$ ______

c) $\frac{5}{8} =$ ______

4. Immer drei Karten gehören zusammen. Färbe sie in derselben Farbe.

$\frac{3}{10}$	2 : 5	$\frac{1}{4}$	0,5
$\frac{1}{2}$	1 : 4	$\frac{2}{5}$	3 : 10
0,4	0,3	1 : 2	0,25

Brüche und Dezimalzahlen

1. Vervollständige die Tabelle.

a)

$\frac{1}{2}$ cm	$1\frac{1}{2}$ cm	$2\frac{1}{2}$ cm	$4\frac{1}{2}$ cm
0,5 cm			
mm			

b)

$\frac{1}{2}$ m	$\frac{1}{4}$ m	$\frac{3}{4}$ m	$1\frac{1}{2}$ m
0,5 m			
50 cm			

c)

$\frac{1}{4}$ kg	$\frac{3}{4}$ kg	$1\frac{1}{2}$ kg	$\frac{1}{8}$ kg
kg			
g			

d)

$\frac{1}{2}$ t	$\frac{1}{4}$ t	$\frac{3}{4}$ t	$3\frac{1}{2}$ t
t			
kg			

2. Schreibe als Bruch mit dem Nenner 10 oder 100. Dann kürze so weit wie möglich.

a) $0{,}2 = \frac{\quad}{10} = \underline{\quad}$　b) $0{,}25 = \underline{\quad} = \underline{\quad}$　c) $0{,}15 = \underline{\quad} = \underline{\quad}$　d) $1{,}25 = \underline{\quad} = \underline{\quad}$

$0{,}8 = \frac{\quad}{10} = \underline{\quad}$　$0{,}75 = \underline{\quad} = \underline{\quad}$　$0{,}05 = \underline{\quad} = \underline{\quad}$　$1{,}50 = \underline{\quad} = \underline{\quad}$

3. Wahr oder falsch? Kreuze an.

	a)	b)	c)	d)	e)	f)	g)	h)
	$\frac{1}{4} = 0{,}4$	$\frac{1}{10} = 0{,}10$	$\frac{3}{4} = 0{,}34$	$\frac{2}{5} = 0{,}25$	$\frac{1}{5} = 0{,}2$	$\frac{3}{5} = 0{,}53$	$\frac{7}{100} = 0{,}07$	$\frac{3}{100} = 0{,}3$
wahr								
falsch								

4. Immer drei Zahlen sind gleich. Verbinde.

a)

$\frac{1}{4}$	0,34	$\frac{40}{100}$
$\frac{2}{5}$	0,25	$\frac{75}{100}$
$\frac{3}{4}$	0,4	$\frac{25}{100}$
$\frac{17}{50}$	0,75	$\frac{34}{100}$

b)

$1\frac{1}{2}$	0,2	$\frac{15}{10}$
$\frac{1}{5}$	0,05	$\frac{2}{10}$
$\frac{1}{2}$	1,5	$\frac{5}{100}$
$\frac{1}{20}$	0,5	$\frac{50}{100}$

5. Setze ein: < , > oder =

a) $\frac{3}{10}$ ☐ 0,3　b) $\frac{3}{5}$ ☐ 0,35　c) 0,5 ☐ $\frac{50}{10}$　d) 0,5 ☐ $\frac{3}{8}$　e) 0,4 ☐ $\frac{5}{6}$

f) $\frac{7}{10}$ ☐ 0,5　g) $\frac{4}{9}$ ☐ 0,9　h) 0,8 ☐ $\frac{3}{7}$　i) 1,5 ☐ $\frac{3}{2}$　j) 0,4 ☐ $\frac{4}{8}$

Brüche und Dezimalzahlen bei Größen

1. Immer drei Angaben bezeichnen die gleiche Menge. Färbe sie mit der gleichen Farbe.

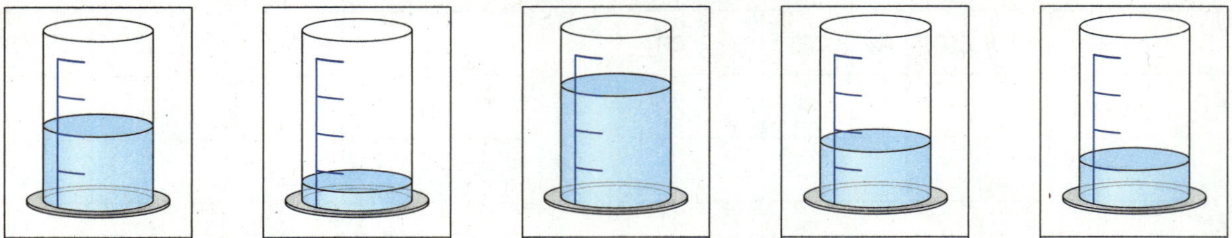

500 ml	125 ml	750 ml	375 ml	250 ml
$\frac{1}{8}$ ℓ	$\frac{1}{4}$ ℓ	$\frac{3}{8}$ ℓ	$\frac{1}{2}$ ℓ	$\frac{3}{4}$ ℓ
0,25 ℓ	0,5 ℓ	0,125 ℓ	0,75 ℓ	0,375 ℓ

2. Immer drei Angaben bezeichnen die gleiche Länge. Verbinde.

a)

0,5 m	0,2 m	0,05 m
$\frac{1}{5}$ m	$\frac{1}{20}$ m	$\frac{1}{2}$ m
5 cm	20 cm	50 cm

b)

0,25 m	0,04 m	0,4 m
$\frac{2}{5}$ m	$\frac{1}{25}$ m	$\frac{1}{4}$ m
4 cm	25 cm	40 cm

3. Nur eine Angabe passt. Trage ein.

a) $\frac{1}{4}$ kg + ________ = 1 kg

0,34 kg 0,75 kg 0,075 kg

b) $\frac{3}{4}$ kg + ________ = 1 kg

0,25 kg 0,52 kg 0,025 kg

c) 0,8 kg + ________ = 1 kg

$\frac{1}{4}$ kg $\frac{1}{5}$ kg $\frac{1}{8}$ kg

d) 0,1 kg + ________ = 1 kg

$\frac{4}{5}$ kg $\frac{9}{10}$ kg $\frac{9}{100}$ kg

e) $1\frac{3}{4}$ kg + ________ = 2 kg

0,5 kg 0,25 kg 0,15 kg

f) $\frac{1}{4}$ kg + ________ = 2 kg

1,6 kg 1,075 kg 1,75 kg

4. Immer drei Längen ergeben zusammen 2 m.

$1\frac{1}{2}$ m + 0,30 m + ________ = 2 m

1,25 m + ________ + 0,50 m = 2 m

________ + $\frac{1}{4}$ m + ________ = 2 m

________ + ________ + ________ = 2 m

~~$1\frac{1}{2}$ m~~	1,40 m	0,20 m
0,25 m	~~0,30 m~~	~~0,50 m~~
$\frac{1}{10}$ m	~~$\frac{1}{4}$ m~~	$\frac{5}{100}$ m
~~1,25 m~~	1,70 m	$\frac{1}{2}$ m

Brüche und Dezimalzahlen am Zahlenstrahl

1. Wie heißen die Brüche bei den Fahnen?

a)

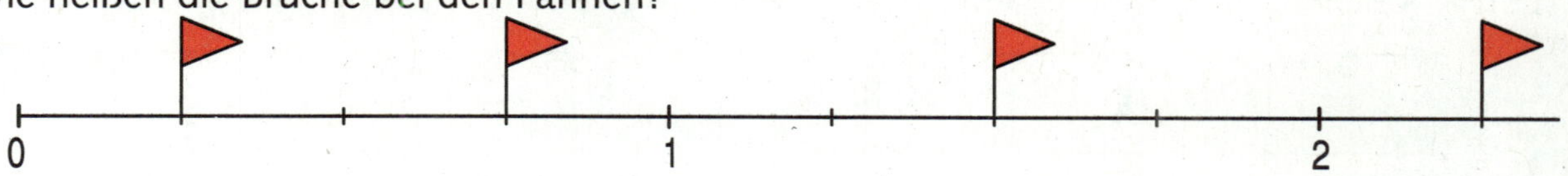

____ ____ ____ ____

b)

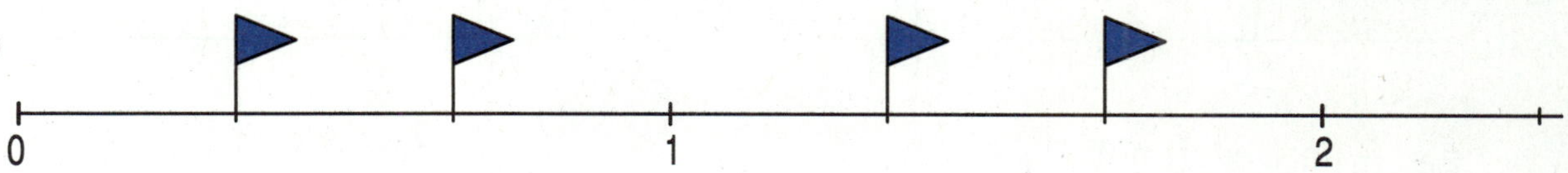

____ ____ ____ ____

2. Ordne die Brüche den Buchstaben zu. Du erhältst ein Lösungswort.

a)

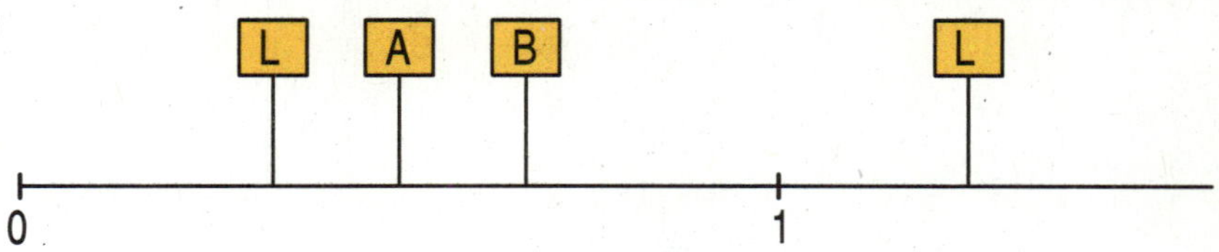

$\frac{2}{3}$	$\frac{1}{2}$	$1\frac{1}{4}$	$\frac{1}{3}$

b)

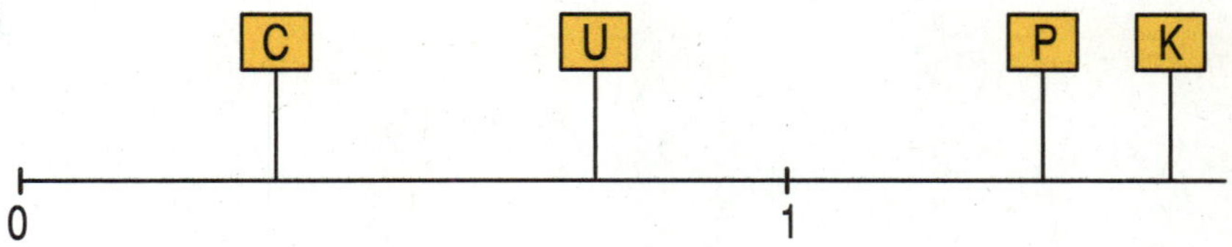

$1\frac{1}{3}$	$\frac{3}{4}$	$\frac{1}{3}$	$1\frac{1}{2}$

c)

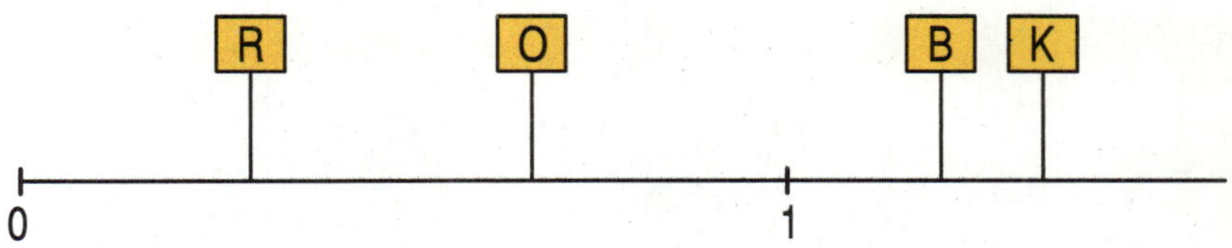

$1\frac{1}{3}$	$\frac{2}{3}$	0,3	1,2

3. Zu jeder Fahne gehören ein Bruch und eine Dezimalzahl. Färbe beide in der Farbe der Fahne.

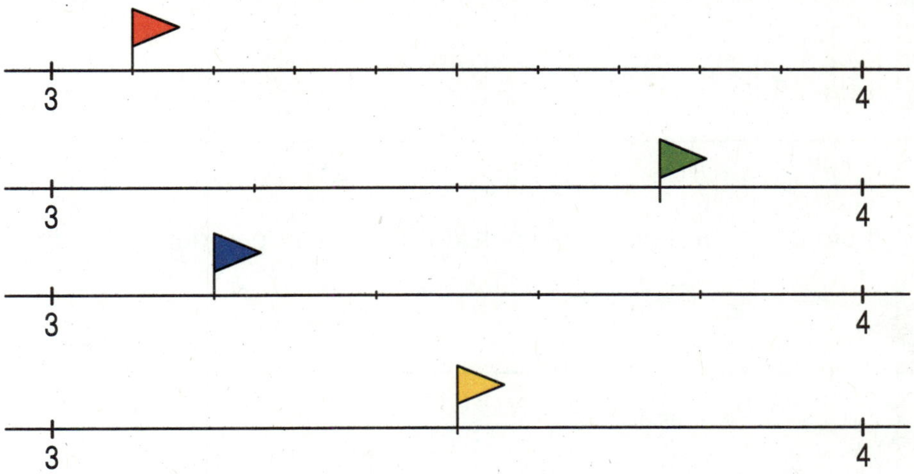

3,1	3,2
3,5	3,75
$3\frac{1}{2}$	$3\frac{1}{5}$
$3\frac{1}{10}$	$3\frac{3}{4}$

4. Nur eine Angabe passt. Trage ein.

a)

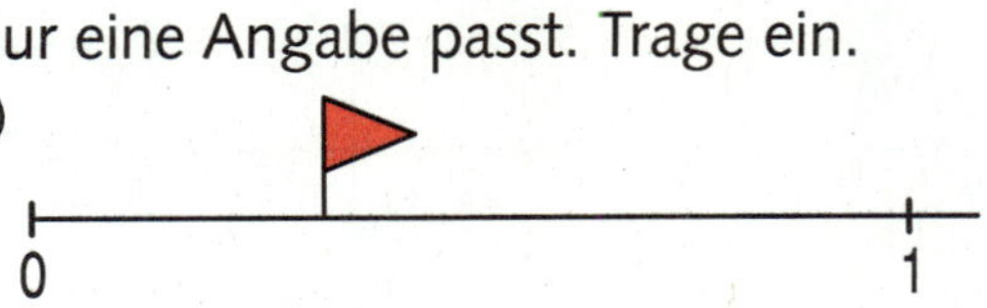

____

$\frac{1}{2}$	0,7	$\frac{1}{3}$	0,1

b)

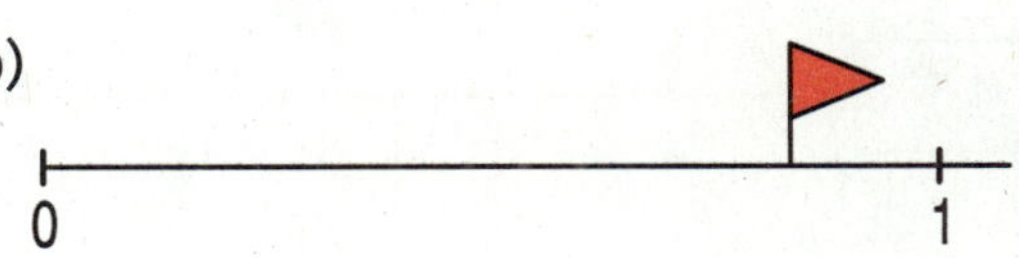

____

$\frac{3}{4}$	0,4	$\frac{1}{3}$	$\frac{5}{6}$

Vermischte Übungen

1. Mit welcher Zahl wurde erweitert? Die Zeichnung kann dir helfen.

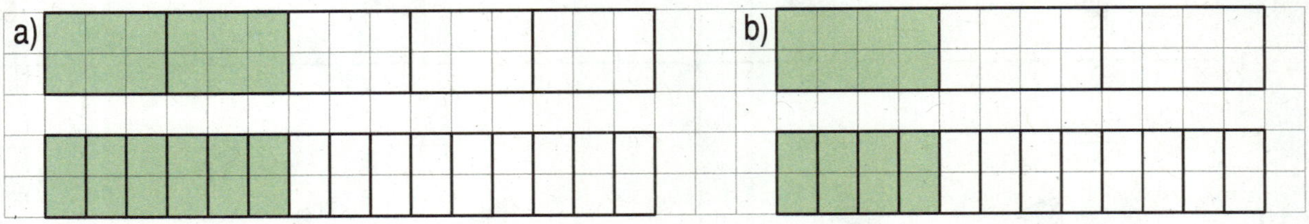

$\frac{2}{5} = \frac{6}{15}$, erweitert mit ________

$\frac{1}{3} = \frac{4}{12}$, erweitert mit ________

2. Immer zwei Brüche sind gleich. Färbe mit der gleichen Farbe.

$\frac{1}{5}$ $\frac{2}{3}$ $\frac{1}{2}$ $\frac{2}{10}$ $\frac{4}{8}$ $\frac{2}{8}$ $\frac{4}{6}$ $\frac{1}{4}$

3. Färbe und berechne.

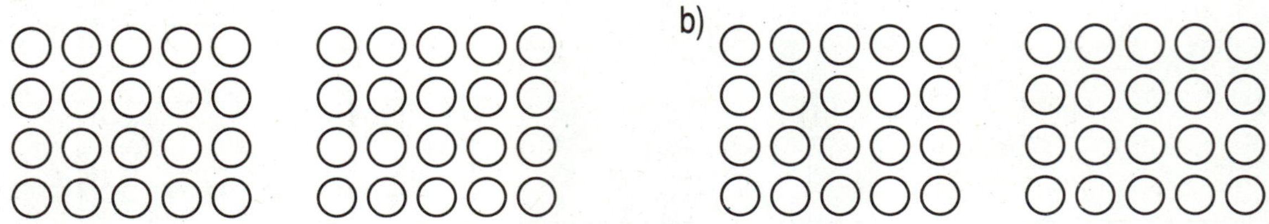

a) $\frac{1}{4}$ von ____ = ____ $\frac{3}{4}$ von ____ = ____

b) $\frac{1}{5}$ von ____ = ____ $\frac{3}{5}$ von ____ = ____

4. a) $\frac{3}{4}$ von 40 kg = ________ b) $\frac{3}{5}$ von 350 kg = ________ c) $\frac{2}{3}$ von 3 000 m = ________

$\frac{3}{8}$ von 72 kg = ________ $\frac{2}{10}$ von 900 kg = ________ $\frac{5}{7}$ von 2 100 m = ________

5. Ordne die Brüche zu.

$\frac{1}{2}$ $\frac{1}{8}$ $\frac{1}{4}$ $\frac{2}{3}$ $1\frac{2}{3}$ $1\frac{1}{4}$ $1\frac{1}{2}$

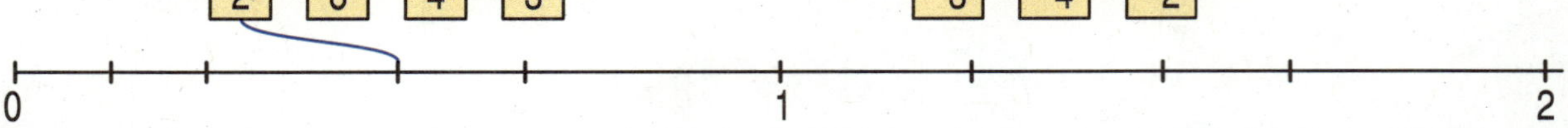

6. Zu jeder Fahne gehören ein Bruch und eine Dezimalzahl. Färbe beide in der Farbe der Fahne.

4,2		$4\frac{3}{4}$
4,1		$4\frac{1}{2}$
4,5		$4\frac{1}{10}$
4,75		$4\frac{1}{5}$

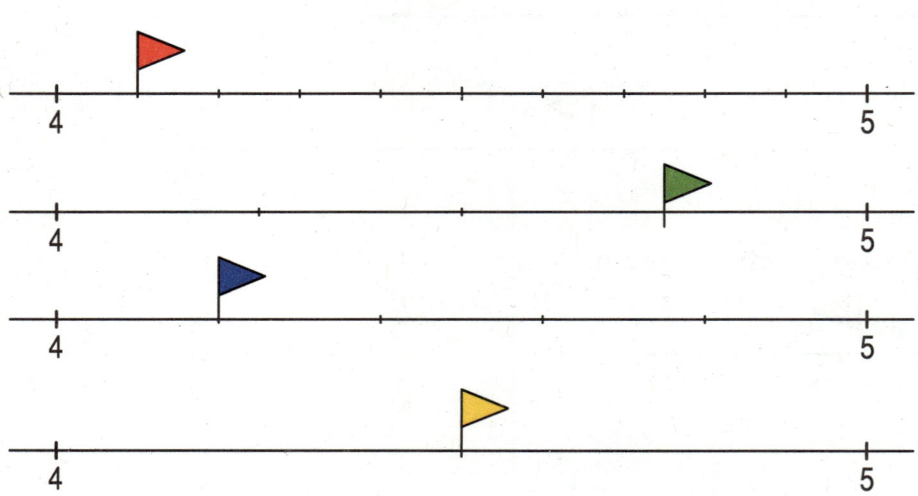

4 Daten und Zufall

1. Klara und Ersin haben dieselbe Münze mehrmals geworfen und die Ergebnisse in zwei Strichlisten festgehalten.

Klara	Zahl	𝍸 𝍸 II
	Bild	𝍸 𝍸 II
Ersin	Zahl	𝍸 𝍸
	Bild	𝍸 𝍸 III

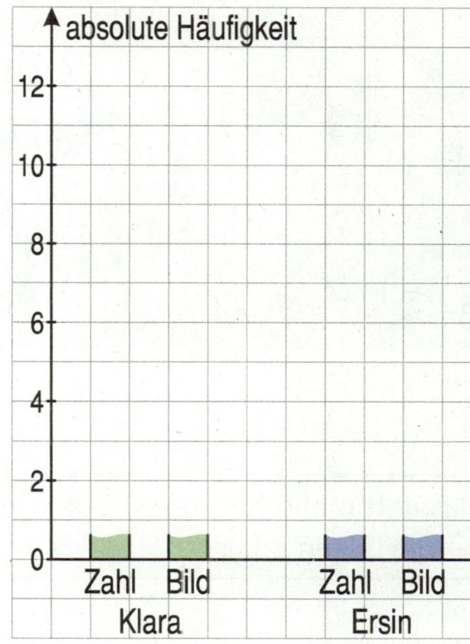

a) Erstelle zu den Ergebnissen ein Säulendiagramm.

b) „Zahl gewinnt!“ Wer ist Sieger des Spiels?

A: ______________________________

2. Jedes Glücksrad wurde 50-mal gedreht.

a) Lies die absoluten Häufigkeiten für das Glücksrad A im Balkendiagramm ab und trage sie in die Tabelle ein.

b) Stelle die absoluten Häufigkeiten für das Glücksrad B im Balkendiagramm dar.

Glücksrad A

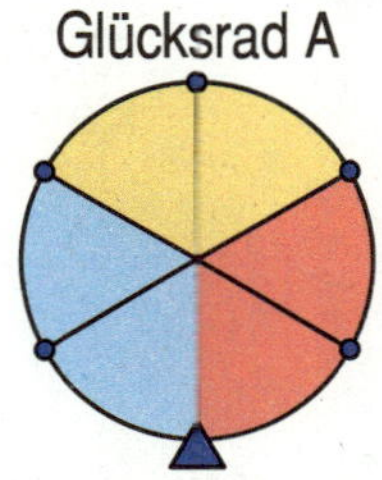

Glücksrad B

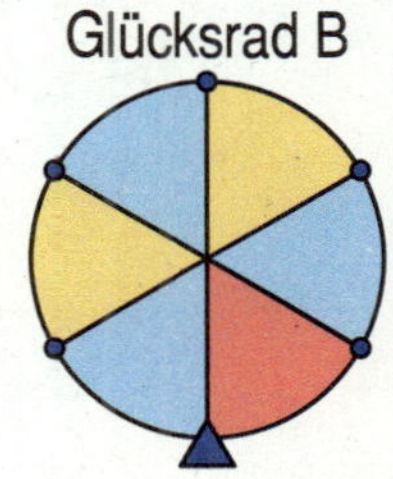

Ergebnis	rot	gelb	blau
absolute Häufigkeit			

Ergebnis	rot	gelb	blau
absolute Häufigkeit	8	17	25

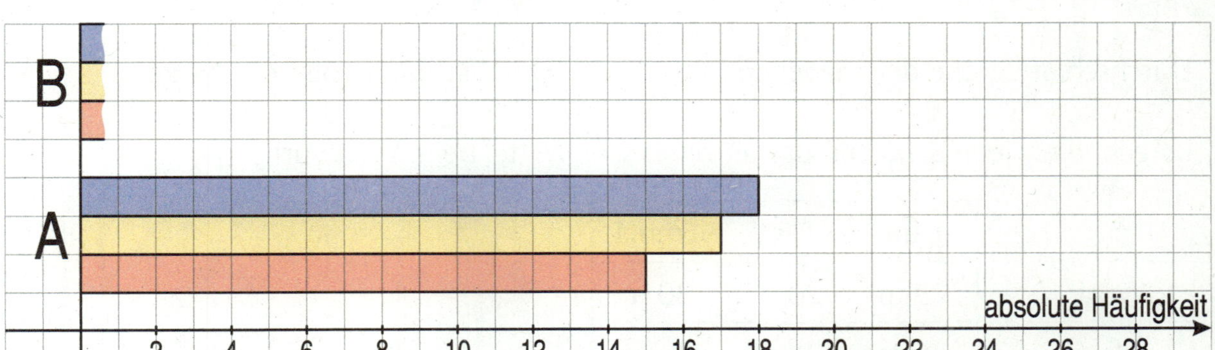

c) „Blau gewinnt!“ Für welches Glücksrad entscheidest du dich? Begründe.

A: ______________________________

Arithmetisches Mittel

1. Die Schülerinnen und Schüler haben an drei Tagen die Autos gezählt, die mittags durch die Schulstraße fuhren.
Wie viele Autos fuhren mittags durchschnittlich am Tag durch die Schulstraße?
Diesen Wert nennt man das arithmetische Mittel.

Montag:	143 Autos
Dienstag:	89 Autos
Mittwoch:	95 Autos

	1	4	3	→	☐	: 3	=
		8	9				
+		9	5				

A: ____________________

> Das arithmetische Mittel (Durchschnitt) berechnet man in zwei Schritten:
> 1. Alle Daten addieren. 2. Die Summe durch die Anzahl der Daten dividieren.

2. Die Schülerinnen und Schüler haben in Gruppen ihre Körpergröße gemessen.
Berechne jeweils das arithmetische Mittel.

a) Mädchen
Lena: 1,58 m
Sogül: 1,62 m
Jule: 1,75 m
Carol: 1,57 m

b) Jungen
Kai: 1,68 m
Jonas: 1,54 m
Ersin: 1,75 m
Timo: 1,77 m
Kevin: 1,61 m

Durchschnittsgröße der Mädchen: ________ Durchschnittsgröße der Jungen: ________

3. Berechne für jede Schülerin das arithmetische Mittel beim Weitwurf.

	Lara	Elisa	Emma
1. Wurf	23 m	23 m	30 m
2. Wurf	36 m	24 m	34 m
3. Wurf	13 m	28 m	23 m
Durchschnitt			

Arithmetisches Mittel

Familie Schnell unternimmt eine Fahrradtour. Dabei werden vier Tagesstrecken zurückgelegt.

Freitag: 50 km Samstag: 45 km Sonntag: 60 km Montag: 25 km

1. Zeichne ein Balkendiagramm zur Länge der Tagesstrecken.

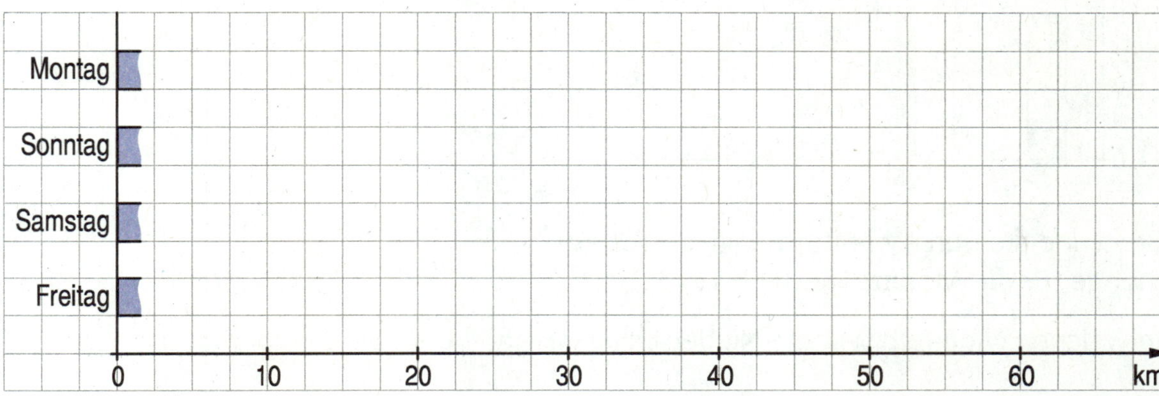

2. Berechne die Durchschnittslänge einer Tagesstrecke (arithmetisches Mittel).

A: ______________________________

3. Berechne den Unterschied zwischen der längsten und der kürzesten Tagesstrecke.

A: ______________________________

4. Wahr oder falsch? Kreuze an.

		wahr	falsch
a)	Am zweiten Tag fährt die Familie weniger als 50 km.		
b)	Am Sonntag ist die Fahrstrecke 25 km länger als am Samstag.		
c)	Die gesamte Fahrstrecke ist länger als 200 km.		
d)	Am Montag ist die Fahrstrecke halb so lang wie am Freitag davor.		
e)	Das arithmetische Mittel ist immer der größte Wert.		
f)	Wenn Familie Schnell im Durchschnitt täglich 50 km weit fährt, schafft sie in vier Tagen eine Strecke von 200 km.		

Klimadiagramme

1. Die Tabelle und das Säulendiagramm gehören zu Niederschlagswerten in Berlin.
a) Lies die Werte für Januar bis März im Diagramm ab und trage sie in die Tabelle ein.
b) Zeichne die Säulen für die Monate April bis Juni in das Diagramm ein.

Monat	Januar	Februar	März	April	Mai	Juni
Niederschlag (in mm)				38	53	67

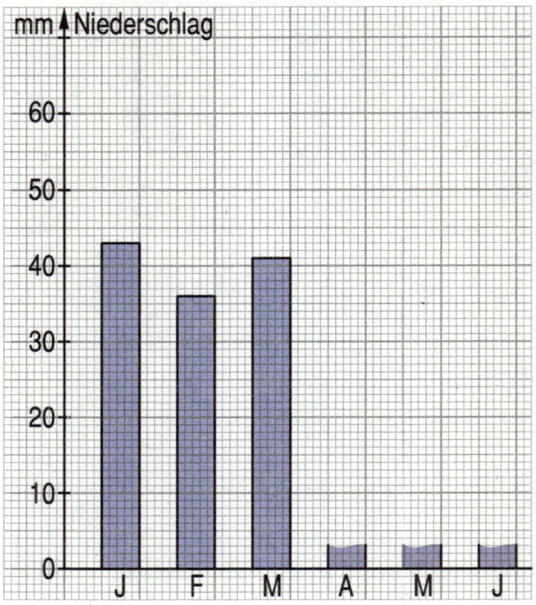

c) Berechne die durchschnittliche Niederschlagsmenge für die Monate Januar bis Juni. Durchschnitt: ____________

d) In welchen Monaten war die Niederschlagsmenge höher als das arithmetische Mittel?

A: ____

2. Die Tabelle und das Schaubild gehören zu Temperaturen in Berlin.
a) Lies die Werte für März bis Juni im Schaubild ab und trage sie in die Tabelle ein.

Monat	Januar	Februar	März	April	Mai	Juni
Temperatur (in °C)	0	2				

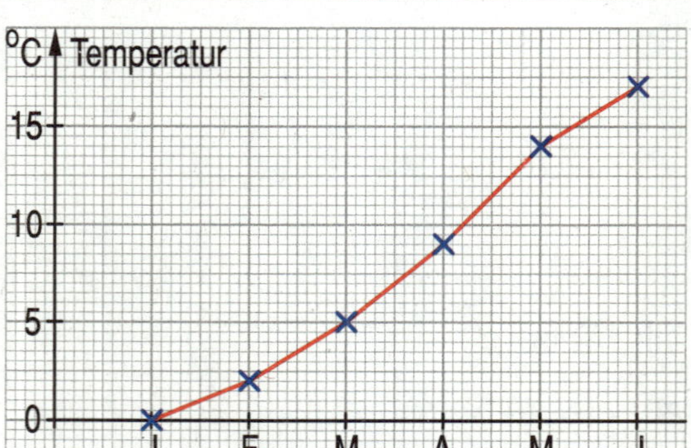

b) Berechne die durchschnittliche Temperatur für die Monate Januar bis Juni. Durchschnitt: ____________

c) In welchen Monaten war die Temperatur niedriger als das arithmetische Mittel?

A: ____

Arithmetisches Mittel und Median

1. In der Tabelle stehen die Ergebnisse im Weitsprung für Lea und Nina.

						Durchschnitt
Lea	3,80 m	3,90 m	3,50 m	2,50 m	2,80 m	
Nina	3,10 m	4,70 m	2,80 m	2,70 m	4,20 m	

a) Bestimme jeweils das arithmetische Mittel der Sprungweiten und trage es in die Tabelle ein.

b) Die Sprungweiten von Lea wurden in einer Rangliste der Größe nach geordnet. Der Wert in der Mitte ist der Median. Bestimme ebenso den Median für Nina.

Lea 2,50 m 2,80 m 3,50 m 3,80 m 3,90 m
↑ (3,50 m)

Median: 3,50 m

Nina _____ _____ _____ _____ _____

Median: _____

2. In der Tabelle steht, wie viel Taschengeld fünf Jugendliche im Monat bekommen.

Laura	Kemal	Lisa	Felix	Jakob	durchschnittliches Taschengeld
25 €	20 €	100 €	35 €	20 €	

a) Wie hoch ist das arithmetische Mittel für das Taschengeld der fünf Jugendlichen? Trage es in die Tabelle ein.

b) Ordne die Werte nach der Größe zu einer Rangliste. Bestimme den Median.

Rangliste: _____ _____ _____ _____ _____ Median: _____

c) Trage ein, wie viele der fünf Jugendlichen so viel Taschengeld bekommen:

Mehr als der Mittelwert:	Mehr als der Median:
Weniger als der Mittelwert:	Weniger als der Median:

3. Für eine gerade Anzahl von Daten ist der Median das arithmetische Mittel der beiden Werte in der Mitte der Rangliste. Im Beispiel wurde eine Rangliste für Geldbeträge erstellt. Berechne den Median.

Rangliste:
10 € 20 € 48 € 52 € 57 € 59 €
↑ (zwischen 48 € und 52 €)

Median = (48 + 52) : 2 = _____

4. Ordne die Geldbeträge der Größe nach. Unterstreiche die beiden Beträge in der Mitte der Rangliste und bestimme den Median. Geldbeträge: 35 €, 30 €, 5 €, 10 €, 40 €, 20 €

Rangliste: _____ _____ _____ _____ _____ _____ Median: _____

Wahrscheinlichkeit

1. Jan würfelt mit einem Spielwürfel einmal. Ist das Ergebnis sicher, möglich oder unmöglich? Kreuze an.

		sicher	möglich	unmöglich
a)	Es wird eine 6 gewürfelt.			
b)	Es wird eine 3 gewürfelt.			
c)	Es wird eine 8 gewürfelt.			
d)	Es wird eine Zahl kleiner als 7 gewürfelt.			
e)	Es wird eine gerade Zahl gewürfelt.			
f)	Es wird eine ungerade Zahl gewürfelt.			

Sind alle Ergebnisse eines Zufallsversuchs gleich wahrscheinlich, so gilt:

$$\text{Wahrscheinlichkeit eines Ereignisses} = \frac{\text{Anzahl der günstigen Ergebnisse}}{\text{Anzahl aller möglichen Ergebnisse}}$$

Beim Würfeln gibt es die sechs Ergebnisse 1, 2, 3, 4, 5, 6.
Die Wahrscheinlichkeit ist für jede dieser Zahlen gleich. Sie beträgt $\frac{1}{6}$.

2. Ergänze die fehlenden Angaben in der Tabelle.

	Ereignis	Günstige Ergebnisse	Wahrscheinlichkeit
a)	Es wird eine 3 oder eine 4 gewürfelt.	3; 4	$\frac{2}{6}$
b)	Es wird eine 2 gewürfelt.		
c)	Es wird eine gerade Zahl gewürfelt.		
d)	Es wird eine Zahl größer als 2 gewürfelt.		
e)	Es wird eine Zahl kleiner als 7 gewürfelt.		

3. Isa gehört die rote Figur. Sie ist mit dem Würfeln an der Reihe. Welche Zahl muss sie würfeln, um die grüne Figur zu erreichen? Wie groß ist die Wahrscheinlichkeit dafür?

A: ______________________________

4. Der Spieler mit der roten Figur ist an der Reihe. Wie groß ist die Wahrscheinlichkeit, dass er eine grüne Figur erreicht?

a) 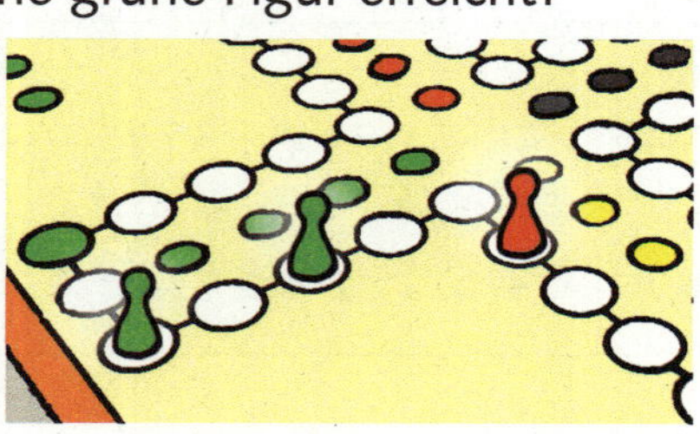

Günstige Ergebnisse: __________

Wahrscheinlichkeit: __________

b) 

Günstige Ergebnisse: __________

Wahrscheinlichkeit: __________

Wahrscheinlichkeit

1. Alle Felder des Glücksrades sind gleich groß.
Sara dreht das Glücksrad.
Dann bleibt das Glücksrad stehen und der Zeiger zeigt auf ein Feld.
Ist das Ereignis sicher, möglich oder unmöglich?
Kreuze an.

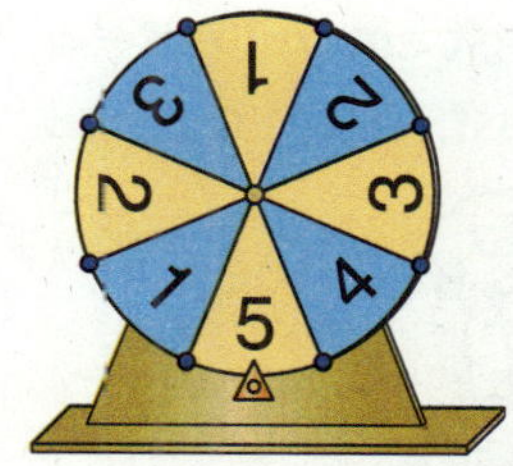

	Der Zeiger zeigt auf …	sicher	möglich	unmöglich
a)	… ein blaues Feld.			
b)	… eine 3.			
c)	… eine Zahl kleiner als 10.			
d)	… ein gelbes Feld mit einer 2.			
e)	… ein blaues Feld mit einer 5.			
f)	… eine Zahl kleiner als 6.			
g)	… eine gerade Zahl.			

2. Verschiedene Glücksräder – verschiedene Gewinnregeln.
Du gewinnst, wenn der Zeiger auf ein Feld mit der angegebenen Farbe zeigt.
Für welches der drei Glücksräder entscheidest du dich jeweils? Kreuze an.

a) Blau gewinnt.

○ 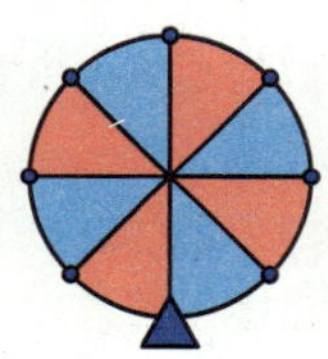 ○ 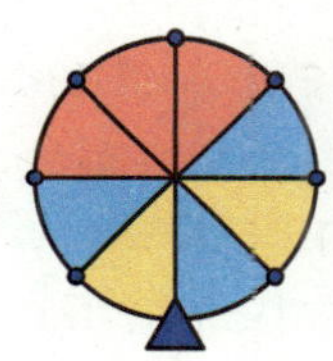 ○ 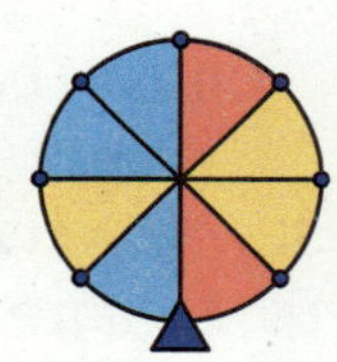

b) Rot gewinnt.

○ 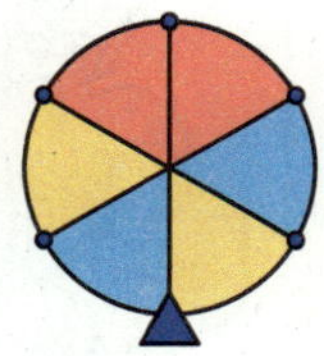 ○ 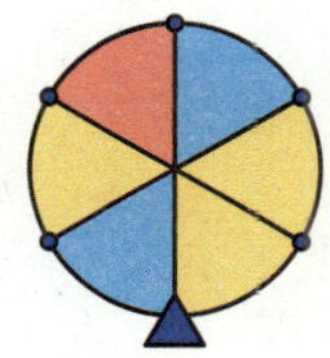 ○ 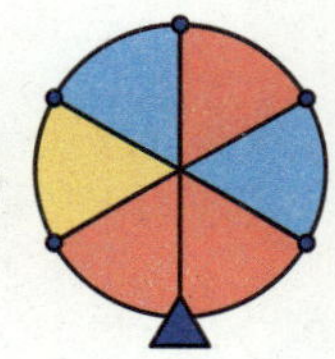

c) Gelb gewinnt.

○ 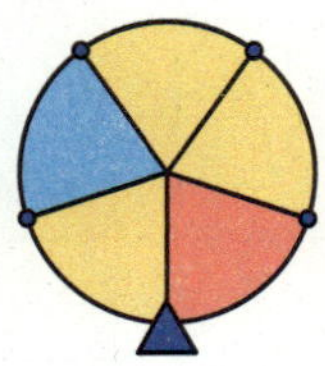 ○ 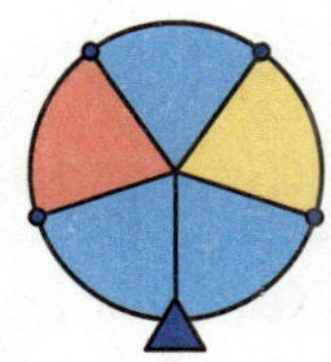 ○ 

3. Verschiedene Glücksräder werden gedreht.
Ergänze die fehlenden Wahrscheinlichkeiten in der Tabelle.

			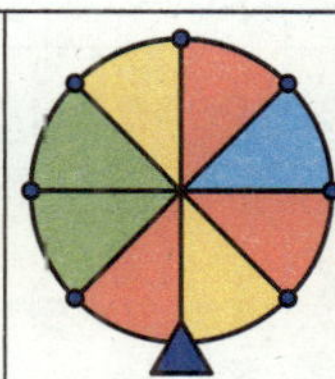	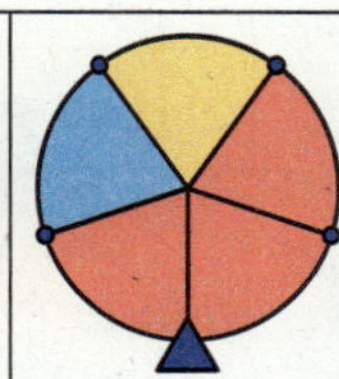
a)	Der Zeiger zeigt auf ein rotes Feld.	$\frac{1}{4}$	$\frac{3}{8}$	
b)	Der Zeiger zeigt auf ein blaues Feld.			
c)	Der Zeiger zeigt auf ein Feld, das nicht rot ist.			

Wahrscheinlichkeit

1. Du darfst einen Beutel wählen und dann mit geschlossenen Augen eine Kugel ziehen. Du gewinnst, wenn du eine rote Kugel ziehst.

a) Welchen Beutel wählst du? A: ______________________

b) Gib für jeden Beutel die Wahrscheinlichkeit dafür an, dass die gezogene Kugel rot ist.

Beutel 1: $\frac{3}{10}$ Beutel 2: ______ Beutel 3: ______ Beutel 4: ______

2. Hier sind verschiedene Beutel. Du gewinnst, wenn du eine rote Kugel ziehst.
a) Gib für jeden Beutel die Gewinnwahrscheinlichkeit an.

______ ______ ______ ______

b) Nur bei einem Beutel ist die Gewinnwahrscheinlichkeit größer als 50 %. Kreuze an.

3. Aus verschiedenen Beuteln wird eine Kugel gezogen.
Ergänze die Wahrscheinlichkeiten in der Tabelle.

		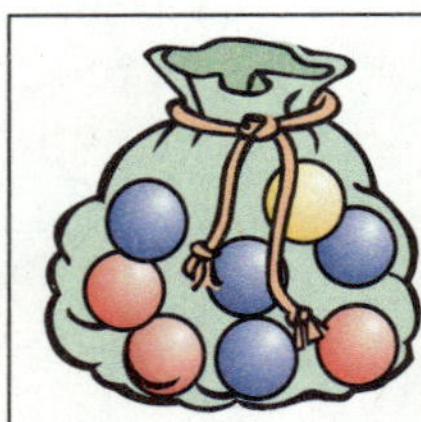		
a)	Die gezogene Kugel ist rot.	$\frac{3}{8}$		
b)	Die gezogene Kugel ist blau.			
c)	Die gezogene Kugel ist gelb.			
d)	Die gezogene Kugel ist blau oder rot.			
e)	Die gezogene Kugel ist nicht rot.			

4. In jedem Beutel sollen nur rote und blaue Kugeln sein. Die Gewinnwahrscheinlichkeit für eine rote Kugel ist jeweils angegeben. Färbe die Kugeln entsprechend.

a)

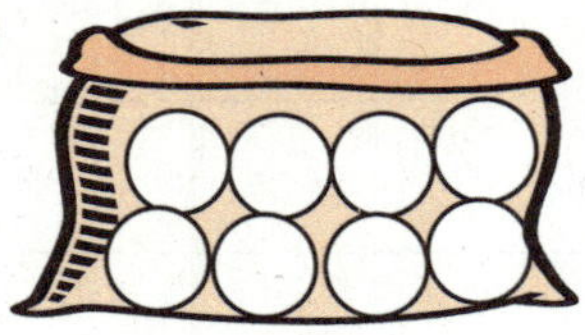

$\frac{1}{2}$

b)

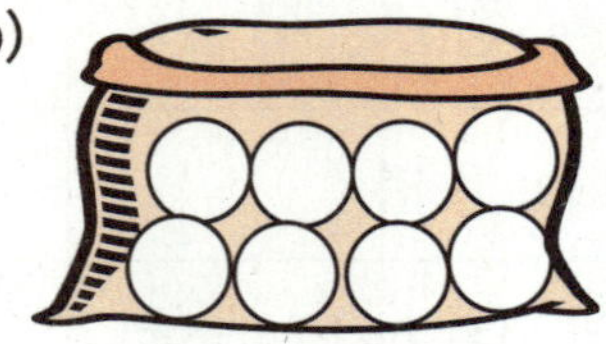

$\frac{1}{4}$

c)

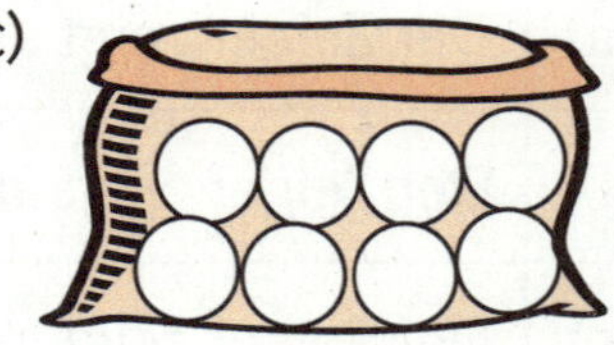

$\frac{3}{4}$

Wahrscheinlichkeit

Die Türme sind aus Steckbausteinen zusammengesetzt.
Sie befinden sich ungeordnet in einem Karton.

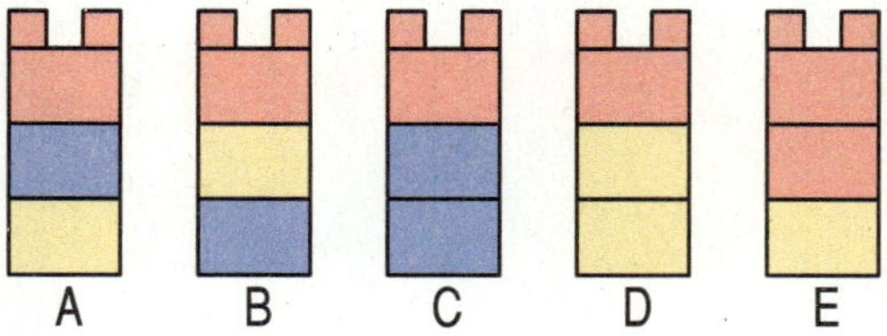

1. Mit geschlossenen Augen wird ein Turm gezogen. Ist das Ereignis sicher, möglich oder unmöglich? Kreuze an.
Der Turm enthält …

		sicher	möglich	unmöglich
a)	… nur rote Bausteine.			
b)	… einen grünen Baustein.			
c)	… drei verschiedenfarbige Bausteine.			
d)	… mindestens einen roten Baustein.			
e)	… einen gelben oder einen blauen Baustein.			
f)	… zwei blaue Bausteine.			

2. Aus dem Karton wird mit geschlossenen Augen ein Turm gezogen. Die 5 möglichen Ergebnisse sind gleich wahrscheinlich. Ergänze die fehlenden Angaben in der Tabelle.

	Ereignis	Günstige Ergebnisse	Wahrscheinlichkeit
a)	Der Turm enthält mindestens einen blauen Baustein.	A; B; C	$\frac{3}{5}$
b)	Der Turm enthält mindestens einen gelben Baustein.		
c)	Der Turm enthält mindestens einen blauen und mindestens einen gelben Baustein.		
d)	Der Turm enthält mindestens einen roten und mindestens einen gelben Baustein.		
e)	Der Turm enthält einen roten, einen gelben und einen blauen Baustein.		

3. Die Türme befinden sich ungeordnet in Kartons. Ein Turm wird gezogen. Ergänze die Wahrscheinlichkeiten in der Tabelle.

		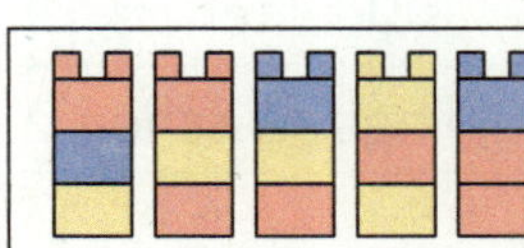	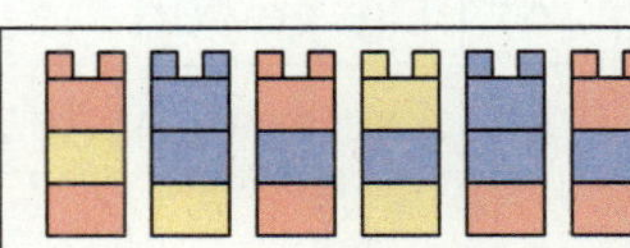
a)	Der Turm ist oben rot.	$\frac{2}{5}$	
b)	Der Baustein in der Mitte ist blau.		
c)	Zwei Bausteine haben gleiche Farbe.		
d)	Der Turm ist oben und unten gelb.		
e)	Der Turm ist oben blau und unten rot.		
f)	Der Turm ist oben nicht gelb.		

Vermischte Übungen

1. Die Nashörner im Zoo werden gewogen.
Berechne das arithmetische Mittel.

Nashörner

Gunga:	1550 kg
Karo:	2136 kg
Laki:	1520 kg
Moki:	1645 kg
Jogo:	1344 kg

Arithmetisches Mittel: ____________________

2. In der Tabelle stehen Timos Ergebnisse beim Speerwurf.

1. Wurf	2. Wurf	3. Wurf	4. Wurf	5. Wurf
39 m	33 m	41 m	32 m	35 m

a) Ordne die Wurfweiten in einer Rangliste und bestimme den Median.

Rangliste: _____ _____ _____ _____ _____

Median: _______

b) Berechne das arithmetische Mittel.

Arithmetisches Mittel: _______

3. Kemal würfelt mit einem Spielwürfel einmal. Ist das Ereignis sicher, möglich oder unmöglich? Kreuze an.

		sicher	möglich	unmöglich
a)	Es wird eine 4 gewürfelt.			
b)	Es wird eine 5 gewürfelt.			
c)	Es wird eine 7 gewürfelt.			
d)	Die gewürfelte Zahl ist kleiner als 13.			
e)	Die gewürfelte Zahl liegt zwischen 2 und 4.			

4. Die Glücksräder werden gedreht.
Trage die Wahrscheinlichkeiten der Ereignisse ein.

		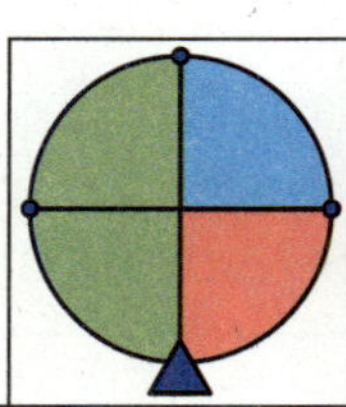	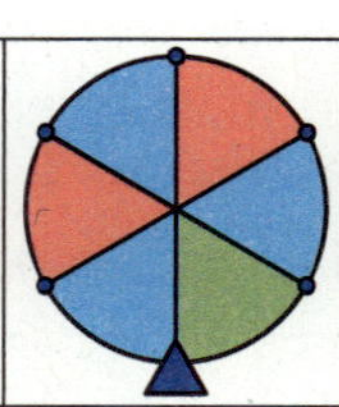	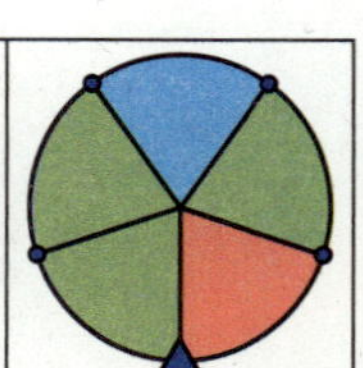
a)	Der Zeiger zeigt auf ein grünes Feld.	$\frac{2}{4}$	$\frac{1}{6}$	
b)	Der Zeiger zeigt auf ein rotes Feld.			
c)	Der Zeiger zeigt auf ein Feld, das nicht blau ist.			

5 Brüche addieren und subtrahieren

1. Wie lautet die Rechnung?

a) b) c) d)

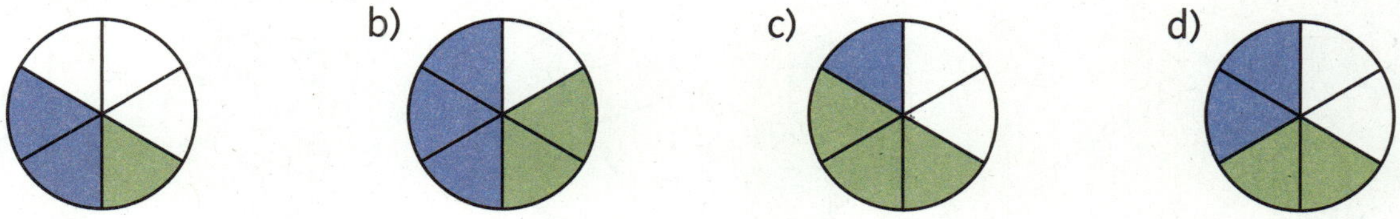

a) $\frac{2}{6} + \frac{1}{6} =$ ____ b) ____ c) ____ d) ____

2. Vervollständige die Zeichnung und die Rechnung.

a) b) c) d)

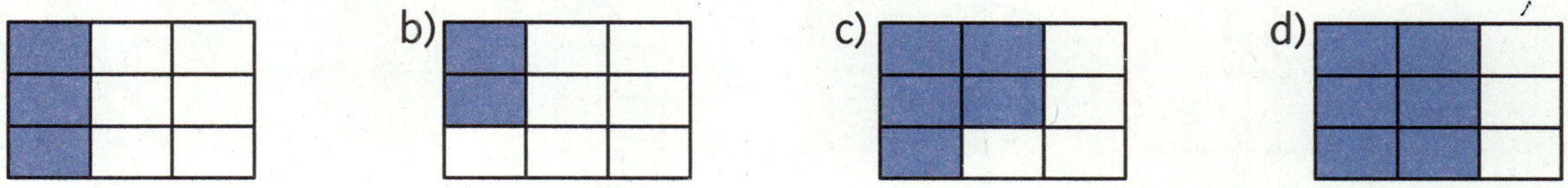

a) $\frac{3}{9} + \frac{2}{9} =$ ____ b) $\frac{2}{9} + \frac{4}{9} =$ ____ c) $\frac{5}{9} + \frac{2}{9} =$ ____ d) $\frac{6}{9} + \frac{2}{9} =$ ____

3. Vervollständige die Zeichnung und ergänze die Rechnung.

a) b) c) d)

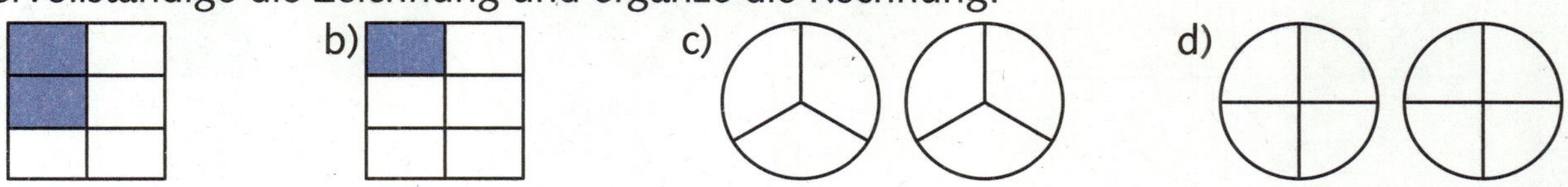

a) $\frac{2}{6} +$ ____ $= 1$ b) $\frac{1}{6} +$ ____ $= 1$ c) $\frac{4}{3} +$ ____ $= 2$ d) $\frac{3}{4} +$ ____ $= 2$

4. Hier siehst du zwei Darstellungen derselben Subtraktionsaufgabe. Ergänze die Rechnung.

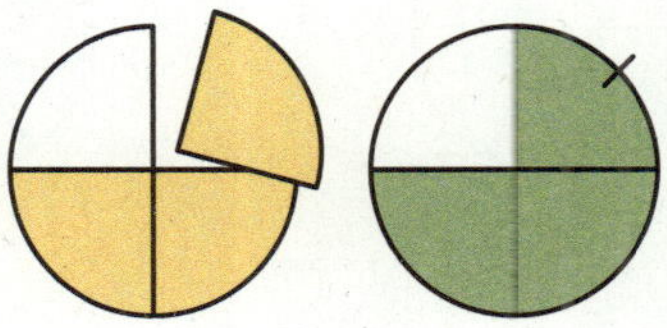

$\frac{3}{4} - \frac{1}{4} =$ ____

5. Wie lautet die Subtraktionsaufgabe?

a) b) c) d)

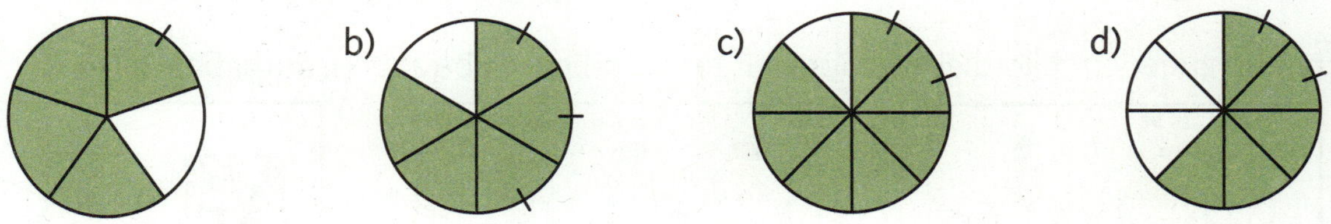

a) $\frac{4}{5} - \frac{1}{5} =$ ____ b) $\frac{5}{6} -$ ____ $=$ ____ c) ____ d) ____

6. Vervollständige die Zeichnung und die Rechnung.

a) b) c) d)

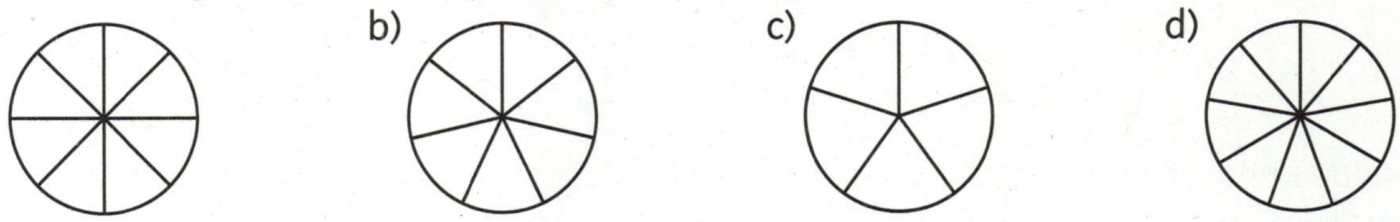

a) $\frac{6}{8} - \frac{3}{8} =$ ____ b) $\frac{5}{7} - \frac{2}{7} =$ ____ c) $\frac{3}{5} - \frac{2}{5} =$ ____ d) $\frac{7}{9} - \frac{5}{9} =$ ____

Gemischte Zahlen addieren und subtrahieren

1. Wie lautet die Rechnung? Das Ergebnis ist eine gemischte Zahl.

a) 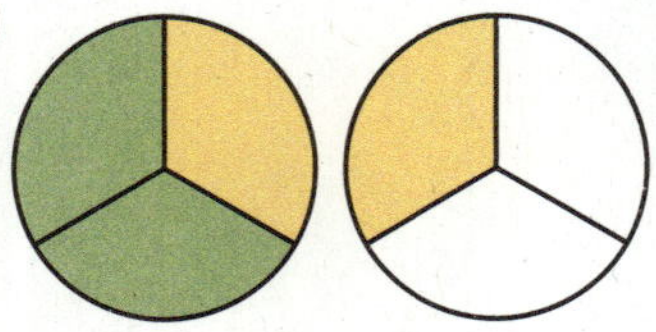

$\frac{2}{3} + \frac{2}{3} = \frac{4}{3} =$ ______

b) 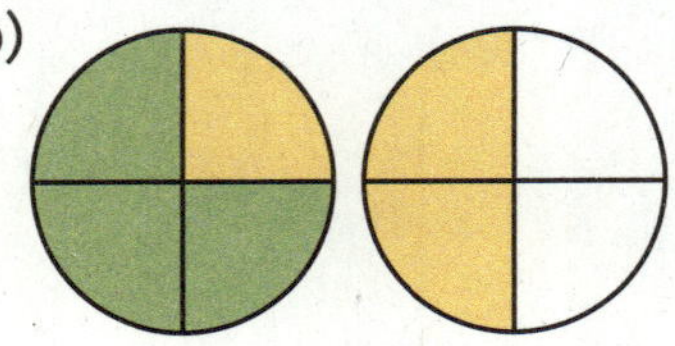

$\frac{3}{4} + \frac{3}{4} =$ ______

c) 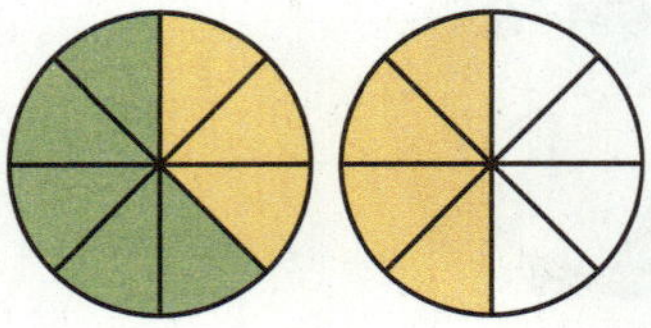

______

d) 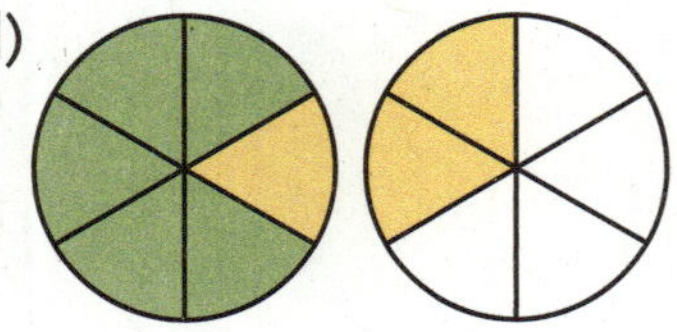

______

e) 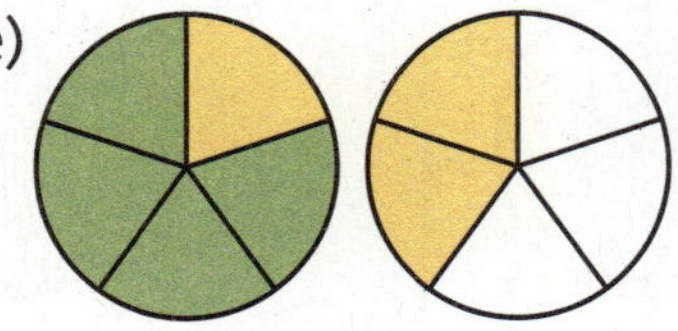

______

f) 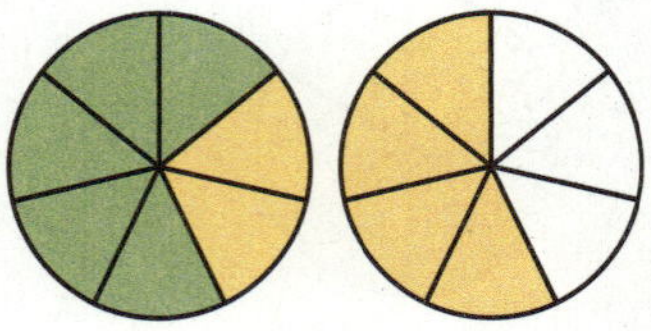

______

2. Schreibe zu jedem Bild die Rechnung. Das Ergebnis ist eine gemischte Zahl.

a) 

$1 + \frac{1}{4} =$ ______

b) 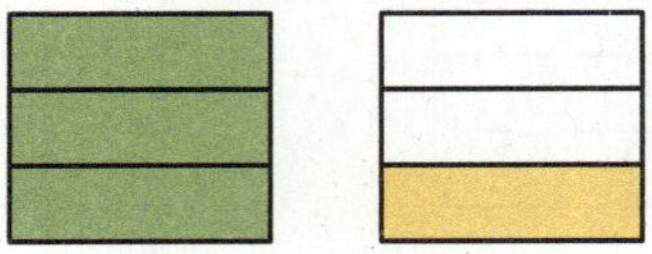

______ = ______

c) 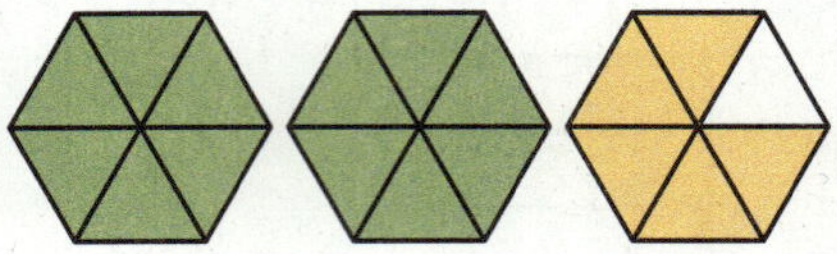

______ = ______

d) 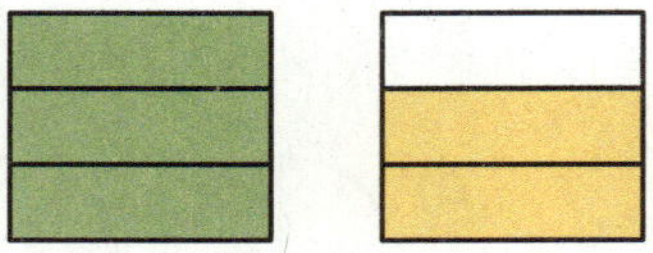

______ = ______

e) 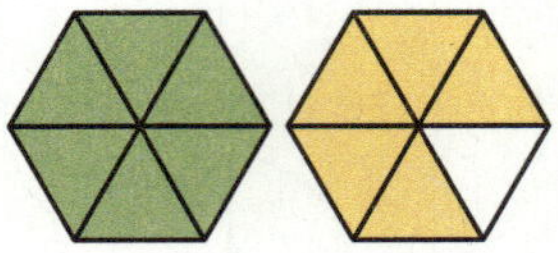

______ = ______

f) 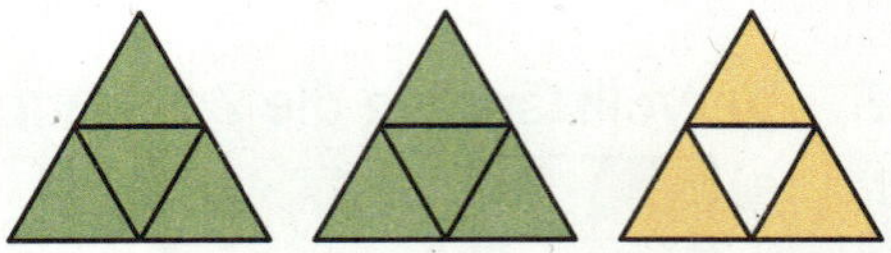

______ = ______

3. Wie lautet die Subtraktionsaufgabe?

a) 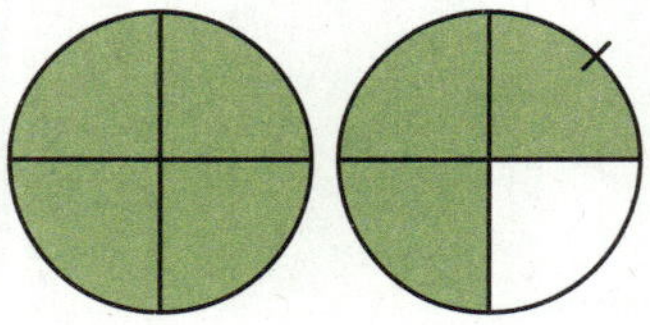

$1\frac{3}{4} - \frac{1}{4} =$ ______

b) 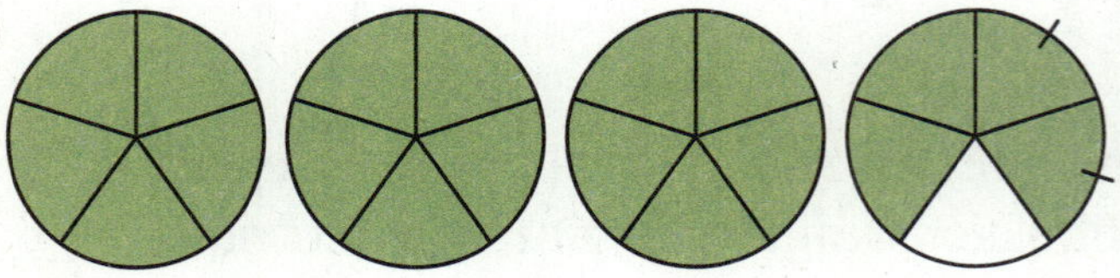

$3\frac{4}{5} -$ ______ = ______

4. a) $2\frac{6}{7} - \frac{3}{7} =$ ______ b) $3\frac{7}{8} - \frac{2}{8} =$ ______ c) $4\frac{2}{3} - \frac{1}{3} =$ ______

5. Schreibe zu jedem Bild die Additionsaufgabe und die Subtraktionsaufgabe.

a) 

$2 + \frac{1}{2} =$ ______

$2\frac{1}{2} - \frac{1}{2} =$ ______

b) 

______ = ______

______ = ______

c) 

______ = ______

______ = ______

6. Schreibe immer beide Aufgaben.

a) $1 + \frac{1}{3} =$ ______

$1\frac{1}{3} -$ ______ $= 1$

b) $2 + \frac{3}{4} =$ ______

$2\frac{3}{4} -$ ______ = ______

c) $1 + \frac{3}{5} =$ ______

______

Ungleichnamige Brüche addieren

1. Beim Schulfest bleibt Kuchen übrig. Ergänze die Rechnung.

$\frac{1}{2} + \frac{1}{4} = \underline{\qquad}$

2. Addiere. Gefärbte Bruchteile können dir helfen.

a)

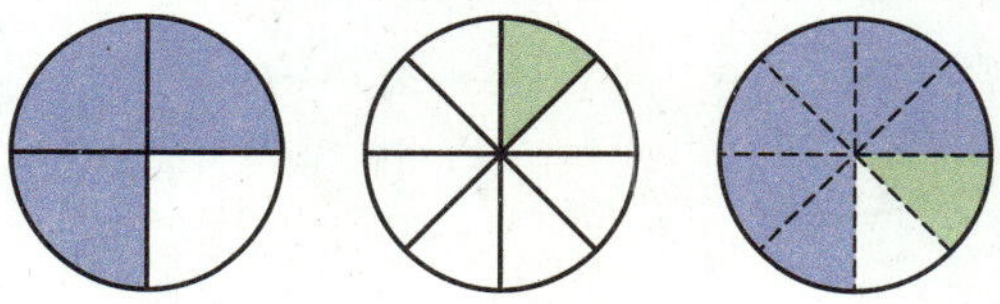

$\frac{3}{4} + \frac{1}{8} = \underline{\qquad}$

b)

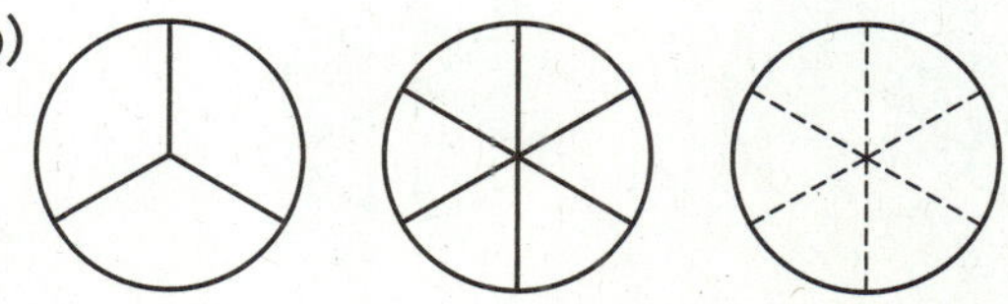

$\frac{2}{3} + \frac{1}{6} = \underline{\qquad}$

3. Finde einen gemeinsamen Nenner und addiere.

a) $\frac{1}{2} + \frac{1}{6} = \frac{\quad}{6} + \frac{\quad}{6} = \underline{\qquad}$

Auf Sechstel erweitern.

b) $\frac{1}{8} + \frac{3}{4} = \underline{\qquad} + \underline{\qquad} = \underline{\qquad}$

Auf Achtel erweitern.

c) $\frac{2}{5} + \frac{3}{10} = \underline{\qquad} + \underline{\qquad} = \underline{\qquad}$

d) $\frac{4}{10} + \frac{1}{2} = \underline{\qquad} + \underline{\qquad} = \underline{\qquad}$

4. Addiere. Gefärbte Bruchteile können dir helfen. Schreibe das Ergebnis als gemischte Zahl.

a)

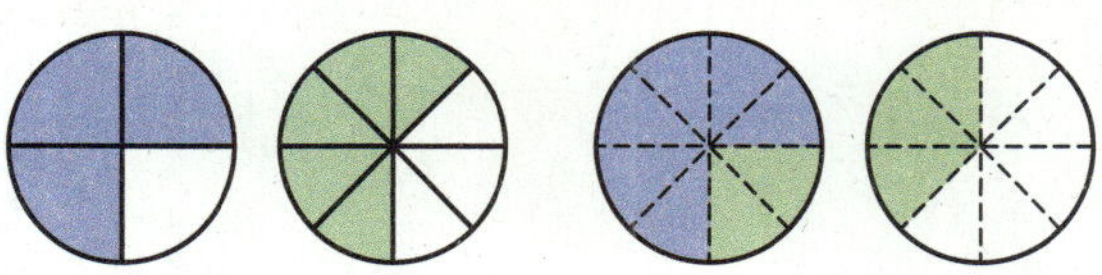

$\frac{3}{4} + \frac{5}{8} = \underline{\qquad} = \underline{\qquad\qquad}$

b)

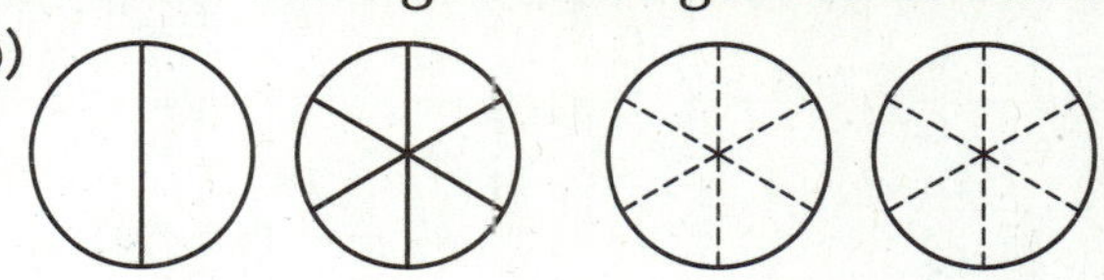

$\frac{1}{2} + \frac{5}{6} = \underline{\qquad} = \underline{\qquad\qquad}$

5. Schreibe das Ergebnis als gemischte Zahl.

a) $\frac{9}{10} + \frac{3}{5} = \frac{\quad}{10} + \frac{\quad}{10} = \underline{\qquad\qquad}$

b) $\frac{1}{2} + \frac{5}{8} = \underline{\qquad} + \underline{\qquad} = \underline{\qquad\qquad}$

c) $\frac{5}{6} + \frac{2}{3} = \underline{\qquad} + \underline{\qquad} = \underline{\qquad\qquad}$

d) $\frac{7}{8} + \frac{1}{4} = \underline{\qquad} + \underline{\qquad} = \underline{\qquad\qquad}$

6. Erweitere auf den größeren Nenner.

a) $1\frac{1}{4} + \frac{1}{2} = 1\frac{1}{4} + \frac{2}{4} = \underline{\qquad\qquad}$

b) $1\frac{1}{6} + \frac{2}{3} = 1\frac{1}{6} + \frac{\quad}{6} = \underline{\qquad\qquad}$

c) $1\frac{3}{8} + \frac{1}{4} = 1\frac{3}{8} + \underline{\qquad} = \underline{\qquad\qquad}$

d) $1\frac{1}{10} + \frac{3}{5} = \underline{\qquad\qquad} = \underline{\qquad\qquad}$

Ungleichnamige Brüche subtrahieren

1.

$\frac{3}{4} - \frac{1}{8} = \_\_\_$

2. Subtrahiere. Gefärbte Bruchteile können dir helfen.

a)

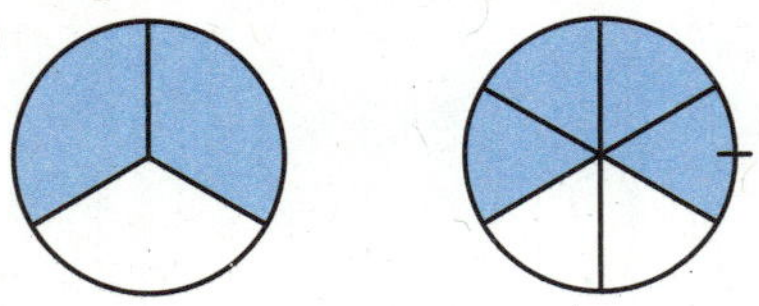

$\frac{2}{3} - \frac{1}{6} = \_\_\_$

b)

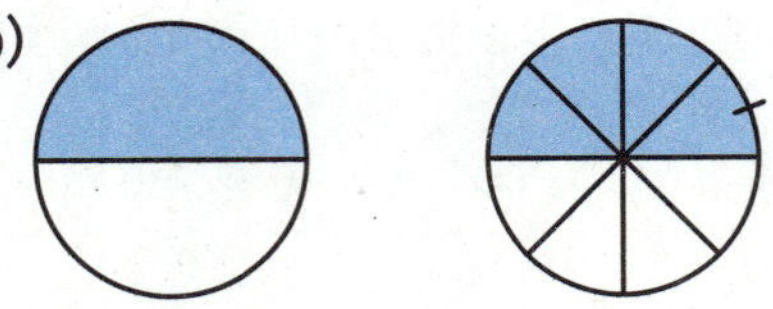

$\frac{1}{2} - \frac{1}{8} = \_\_\_$

3. Finde einen gemeinsamen Nenner und subtrahiere.

a) $\frac{1}{2} - \frac{3}{8} = \frac{\_\_}{8} - \frac{\_\_}{8} = \_\_\_$

Auf Achtel erweitern.

b) $\frac{5}{6} - \frac{1}{2} = \_\_\_ - \_\_\_ = \_\_\_$

Auf Sechstel erweitern.

c) $\frac{9}{10} - \frac{1}{2} = \_\_\_ - \_\_\_ = \_\_\_$

d) $\frac{4}{5} - \frac{1}{10} = \_\_\_ - \_\_\_ = \_\_\_$

4. Ordne die Buchstaben zu.

$\frac{1}{3} - \frac{1}{6} = \_\_\_ - \_\_\_ = \_\_\_$ **O**

$\frac{1}{2} - \frac{3}{8} = \_\_\_ - \_\_\_ = \_\_\_$ **R**

$\frac{3}{4} - \frac{3}{8} = \_\_\_ - \_\_\_ = \_\_\_$ **H**

$\frac{4}{5} - \frac{1}{10} = \_\_\_ - \_\_\_ = \_\_\_$ **R**

$\frac{3}{5} - \frac{5}{10} = \_\_\_ - \_\_\_ = \_\_\_$ **T**

$\frac{4}{5} - \frac{1}{2} = \_\_\_ - \_\_\_ = \_\_\_$ **E**

$\frac{7}{8} - \frac{1}{4} = \_\_\_ - \_\_\_ = \_\_\_$ **Ü**

$\frac{1}{2} - \frac{1}{4} = \_\_\_ - \_\_\_ = \_\_\_$ **T**

$\frac{1}{4}$	$\frac{1}{6}$	$\frac{1}{8}$	$\frac{3}{8}$	$\frac{5}{8}$	$\frac{1}{10}$	$\frac{3}{10}$	$\frac{7}{10}$

5. Erweitere auf den größeren Nenner.

a) $1\frac{3}{4} - \frac{1}{2} = 1\frac{3}{4} - \frac{2}{4} = \_\_\_$

b) $1\frac{2}{3} - \frac{1}{6} = 1\frac{\_\_}{6} - \frac{1}{6} = \_\_\_$

c) $1\frac{7}{8} - \frac{1}{2} = 1\frac{7}{8} - \_\_\_ = \_\_\_$

d) $1\frac{4}{5} - \frac{1}{10} = \_\_\_ = \_\_\_$

Brüche addieren und subtrahieren

1. Für ein Mixgetränk mischt Kübra $\frac{1}{2}$ ℓ Orangensaft und $\frac{1}{8}$ ℓ Ananassaft.
Wie viel Liter Mixgetränk erhält sie?

$\frac{1}{2} + \frac{1}{8} = \_\_\_ + \_\_\_ = \_\_\_$

A: ______________________________

2. Erweitere die Brüche auf einen gemeinsamen Nenner, dann addiere oder subtrahiere.

a) $\frac{1}{4} + \frac{1}{8} = \_\_\_ + \_\_\_ = \_\_\_$

$\frac{1}{5} + \frac{1}{10} = \_\_\_ + \_\_\_ = \_\_\_$

$\frac{2}{3} + \frac{1}{9} = \_\_\_ + \_\_\_ = \_\_\_$

b) $\frac{3}{4} - \frac{1}{8} = \_\_\_ - \_\_\_ = \_\_\_$

$\frac{7}{9} - \frac{1}{3} = \_\_\_ - \_\_\_ = \_\_\_$

$\frac{4}{5} - \frac{1}{10} = \_\_\_ - \_\_\_ = \_\_\_$

3. Ergänze den Bruch oder die gemischte Zahl. Ordne den Buchstaben zu.

$\frac{1}{2} + \_\_\_ = \frac{3}{4}$	S	$\frac{3}{4} - \_\_\_ = \frac{1}{4}$	H	$\frac{1}{6} + \_\_\_ = \frac{1}{3}$	I
$1 + \_\_\_ = 1\frac{3}{4}$	C	$1 - \_\_\_ = \frac{1}{3}$	O	$1\frac{3}{4} - \_\_\_ = \frac{1}{2}$	K
$\frac{1}{8} + \_\_\_ = \frac{1}{4}$	E	$2 - \_\_\_ = \frac{1}{6}$	Y	$2 - \_\_\_ = \frac{1}{2}$	E

$\frac{1}{8}$	$\frac{1}{6}$	$\frac{1}{4}$	$\frac{1}{2}$	$\frac{2}{3}$	$\frac{3}{4}$	$1\frac{1}{4}$	$1\frac{1}{2}$	$1\frac{5}{6}$

4. a) Wie lang ist der Lastzug?

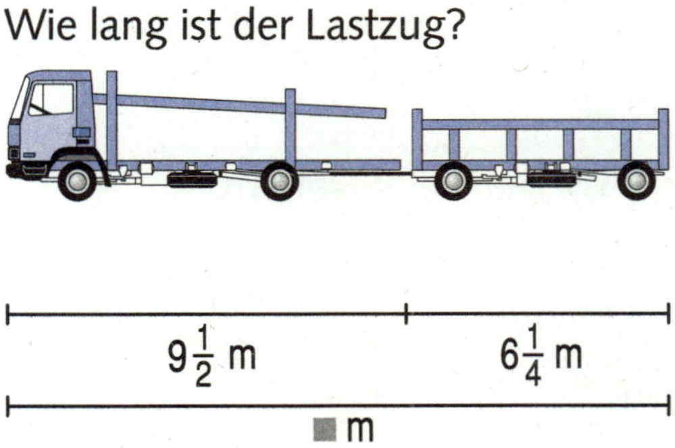

A: ______________________________

b) Wie lang ist der Anhänger?

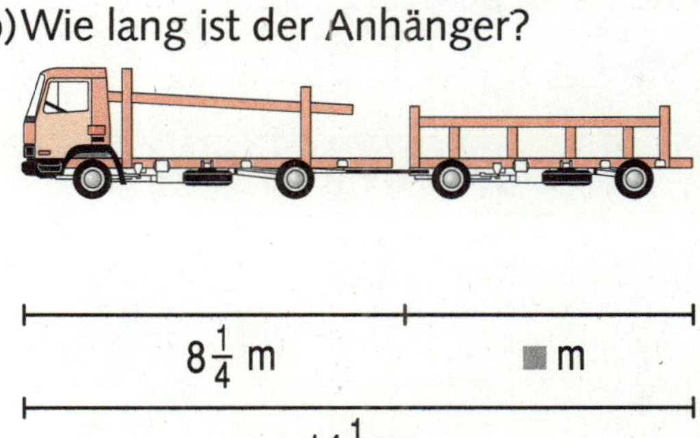

A: ______________________________

Vermischte Übungen

1. Wie lautet die Rechnung?

a) 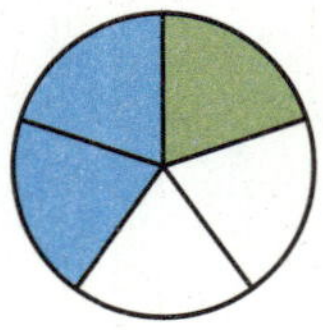

$\frac{2}{5} + \frac{1}{5} =$ ______

b) 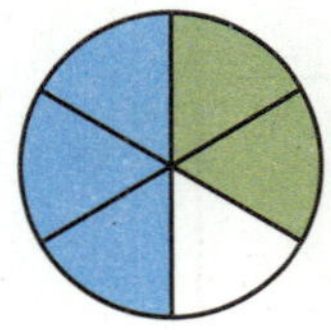

______

c) 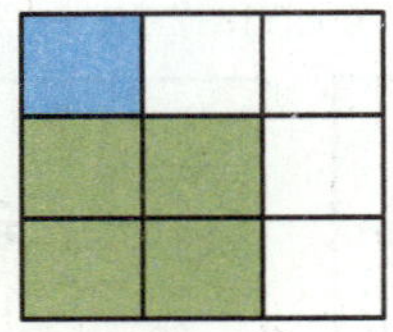

______

d) 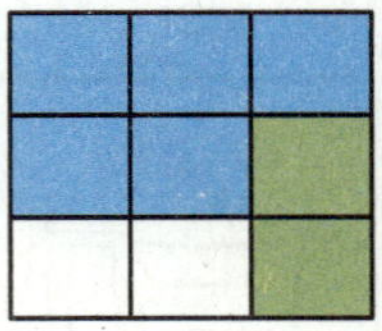

______

2. Wie lautet die Subtraktionsaufgabe?

a) 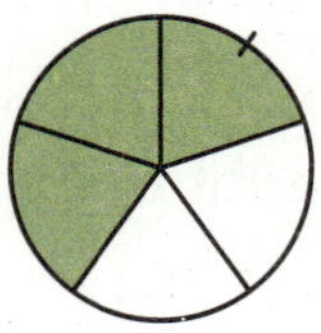

$\frac{3}{5} - \frac{1}{5} =$ ______

b) 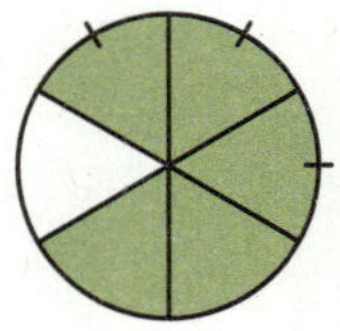

______

c) 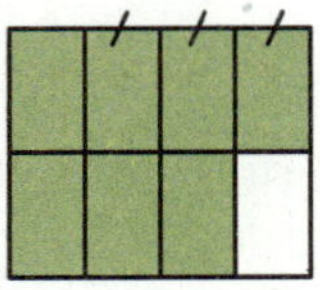

______

d) 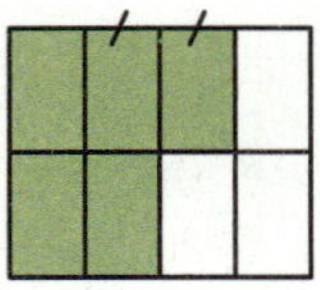

______

3. Das Ergebnis der Additionsaufgabe ist eine gemischte Zahl. Ergänze die Rechnung.

a) 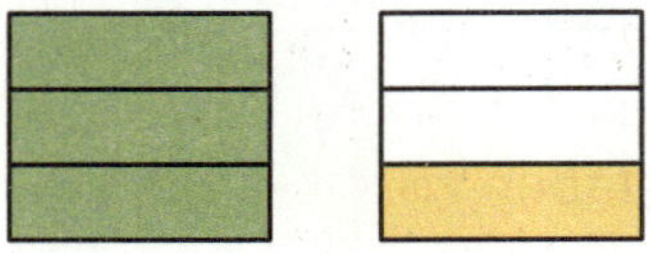

$1 + \frac{1}{3} =$ ______

b) 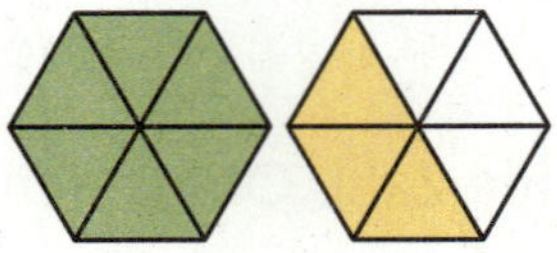

______ = ______

c) 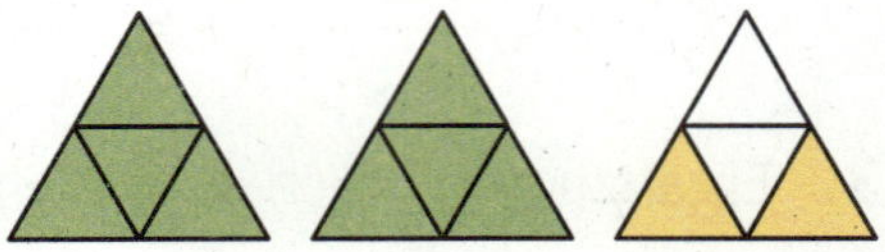

______ = ______

4. Ergänze die Rechnung.

a) 

$1 - \frac{1}{3} =$ ______

b) 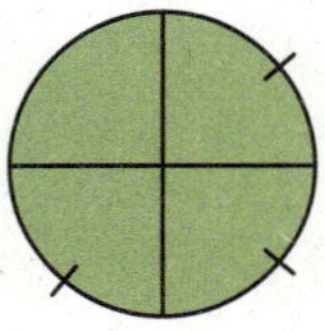

1 − ______ = ______

c) 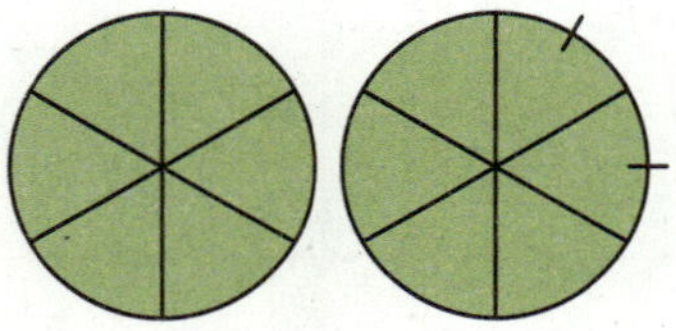

______

d) 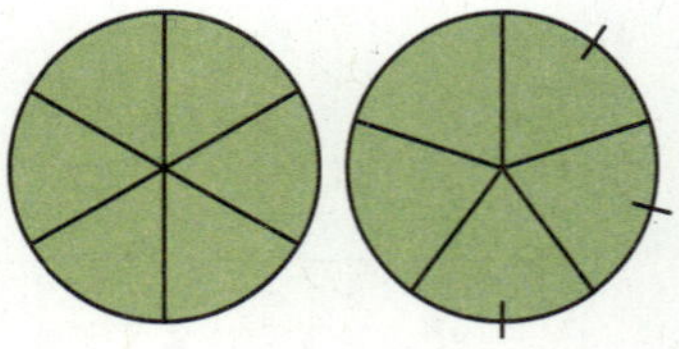

______

5. Finde einen gemeinsamen Nenner und addiere oder subtrahiere.

a) $\frac{3}{4} + \frac{1}{8} = \frac{}{8} + \frac{}{8} = \frac{}{}$

Auf Achtel erweitern.

b) $\frac{5}{6} - \frac{2}{3} = \frac{}{} - \frac{}{} = \frac{}{}$

Auf Sechstel erweitern.

Ordne die Buchstaben zu.

$\frac{1}{2} + \frac{1}{4} =$ ___ + ___ = ___ **I**

$\frac{2}{3} + \frac{1}{6} =$ ___ + ___ = ___ **T**

$\frac{1}{10} + \frac{1}{5} =$ ___ + ___ = ___ **R**

$\frac{1}{4} + \frac{1}{8} =$ ___ − ___ = ___ **E**

$\frac{1}{3} - \frac{1}{6} =$ ___ − ___ = ___ **N**

$\frac{3}{4} - \frac{1}{2} =$ ___ − ___ = ___ **W**

$\frac{1}{4}$	$\frac{3}{4}$	$\frac{1}{6}$	$\frac{5}{6}$	$\frac{3}{8}$	$\frac{3}{10}$

6 Oberflächeninhalt und Volumen

1. Welche Netze lassen sich zu einem Würfel oder Quader falten? Kreuze an.

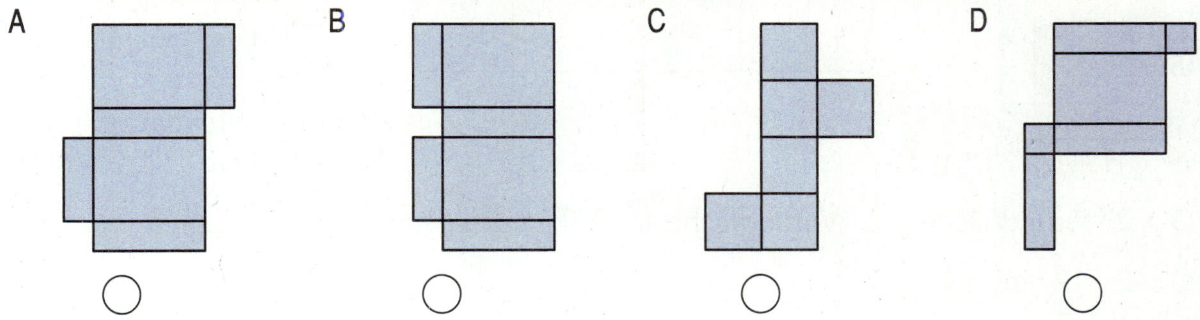

2. Ergänze die fehlende Fläche im Quadernetz.

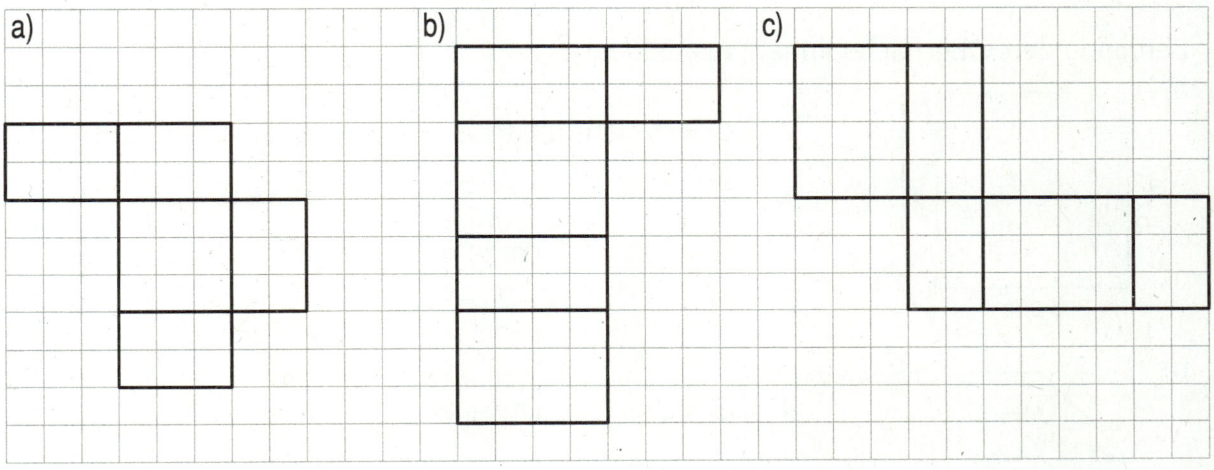

3. Welcher Quader gehört zum Netz? Kreuze an.

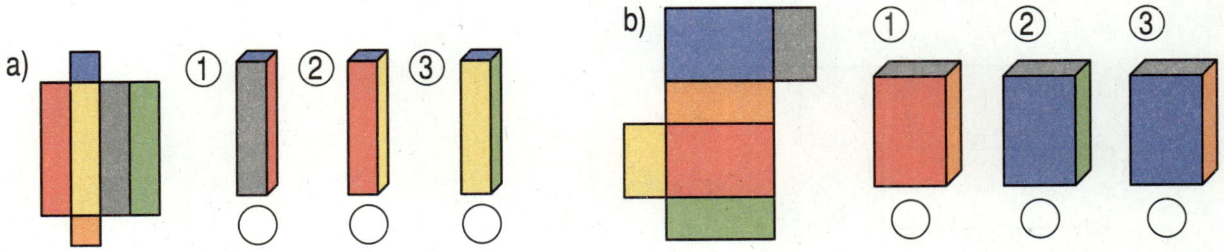

4. Der Quader wurde zur Hälfte in Farbe getaucht. Färbe die Flächen in jedem Netz.

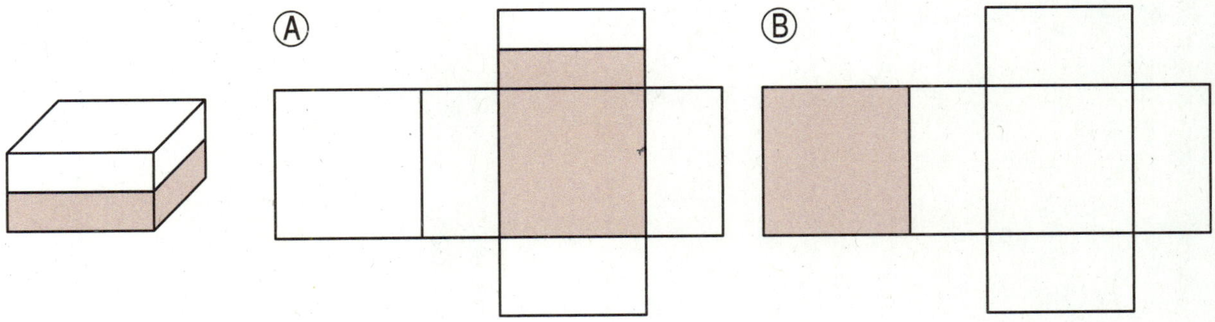

Oberflächeninhalt des Quaders

1. Der Oberflächeninhalt des Quaders ist die Summe der Flächeninhalte aller Einzelflächen. Vervollständige die Rechnung.

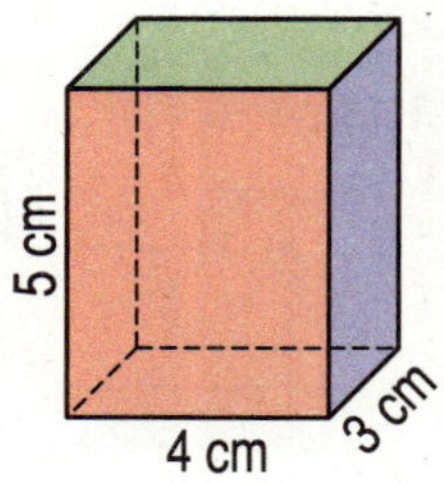

Grundfläche
$4\ \text{cm} \cdot 3\ \text{cm} = 12\ \text{cm}^2$

Vorderfläche
$4\ \text{cm} \cdot 5\ \text{cm} = 20\ \text{cm}^2$

Seitenfläche
$3\ \text{cm} \cdot 5\ \text{cm} = 15\ \text{cm}^2$

$O = 2 \cdot \text{Grundfläche} + 2 \cdot \text{Vorderfläche} + 2 \cdot \text{Seitenfläche}$

$O = 2 \cdot 12\ \text{cm}^2 + 2 \cdot \underline{\qquad}\ \text{cm}^2 + 2 \cdot \underline{\qquad}\ \text{cm}^2$

$O = \underline{\qquad}\ \text{cm}^2 + \underline{\qquad}\ \text{cm}^2 + \underline{\qquad}\ \text{cm}^2$

$O = \underline{\qquad}\ \text{cm}^2$

2. Berechne den Oberflächeninhalt des Quaders.

a)

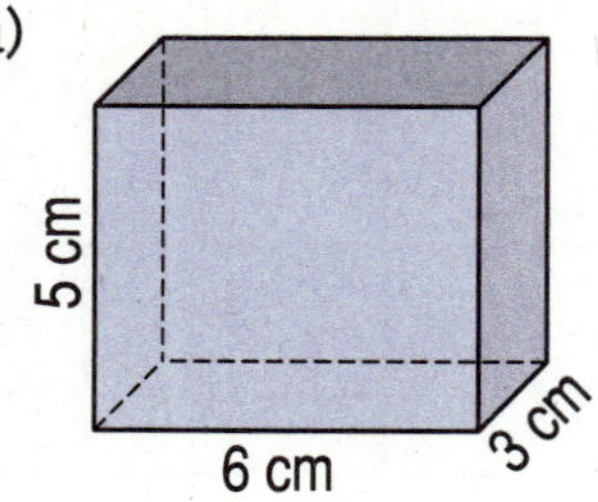

$O = 2 \cdot \text{Grundfläche} + 2 \cdot \text{Vorderfläche} + 2 \cdot \text{Seitenfläche}$

$O = 2 \cdot \underline{\qquad}\ \text{cm}^2 + 2 \cdot \underline{\qquad}\ \text{cm}^2 + 2 \cdot \underline{\qquad}\ \text{cm}^2$

$O = \underline{\qquad}\ \text{cm}^2 + \underline{\qquad}\ \text{cm}^2 + \underline{\qquad}\ \text{cm}^2$

$O = \underline{\qquad}\ \text{cm}^2$

b)

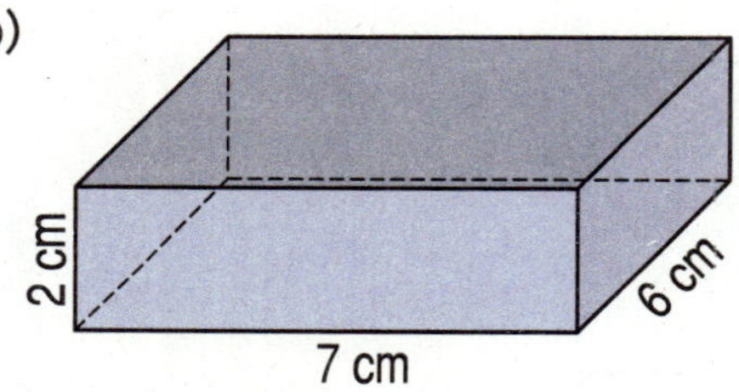

$O = 2 \cdot \underline{\qquad}\ \text{cm}^2 + 2 \cdot \underline{\qquad}\ \text{cm}^2 + \underline{\qquad\qquad}$

$O = \underline{\qquad\qquad\qquad\qquad}$

$O = \underline{\qquad}$

c)

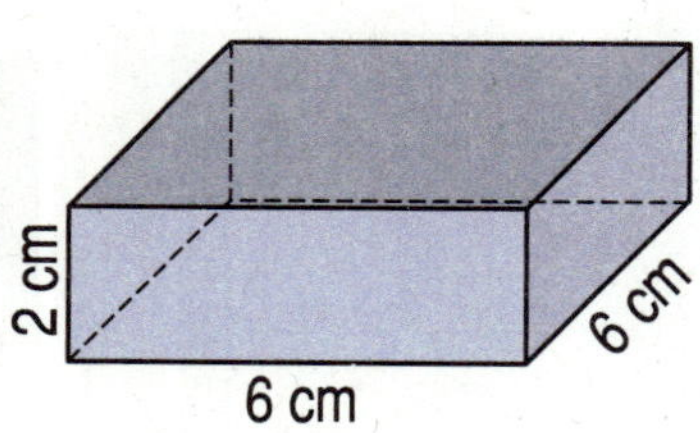

$O = \underline{\qquad\qquad\qquad\qquad}$

$O = \underline{\qquad\qquad\qquad\qquad}$

$O = \underline{\qquad}$

Rauminhalte vergleichen

1. Wie viele Würfel enthält der Körper?

a)

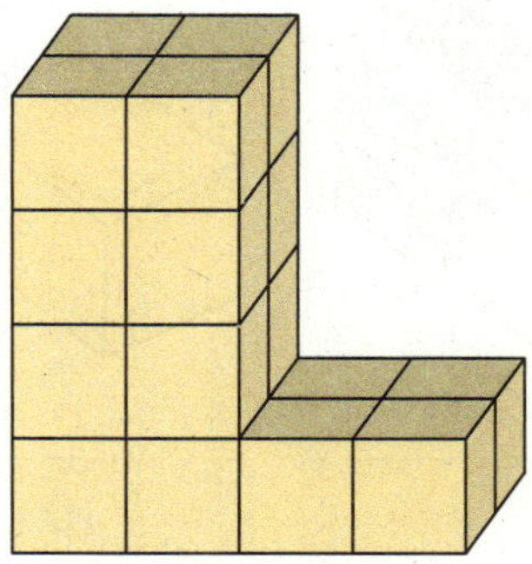

_____ Würfel

b)

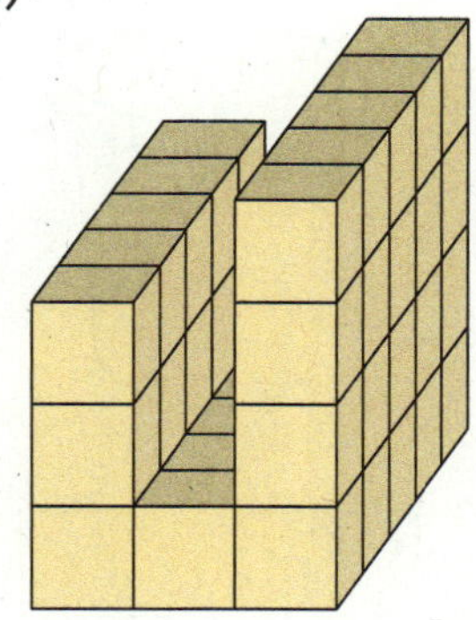

_____ Würfel

c)

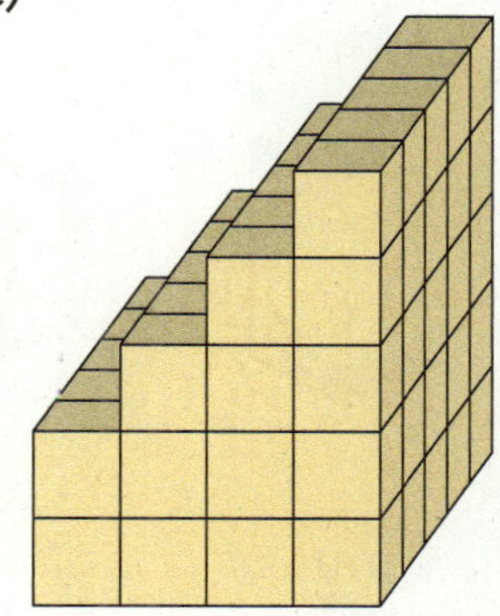

_____ Würfel

2. Wie viele Würfel passen in jede Kiste?

a)

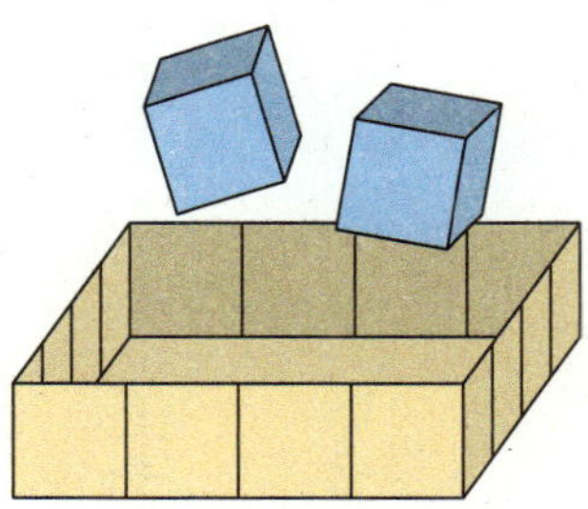

_____ Würfel

b)

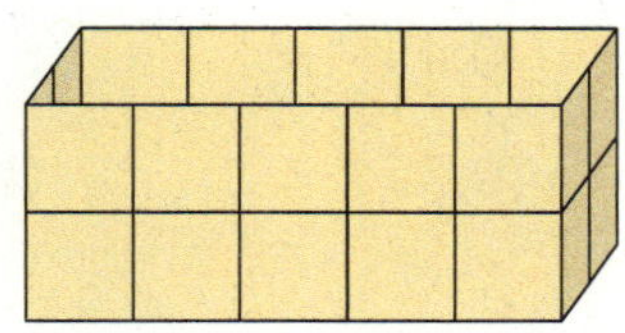

_____ Würfel

c)

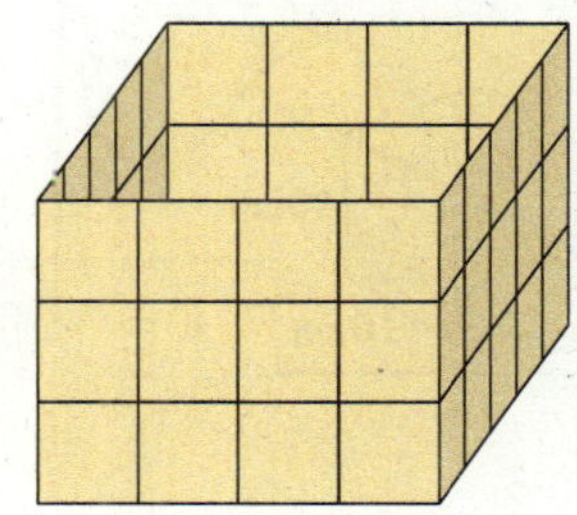

_____ Würfel

3. Die Figur soll zu einem Würfel ergänzt werden.
Wie viele Würfel sind es? Wie viele Würfel fehlen noch?

a)

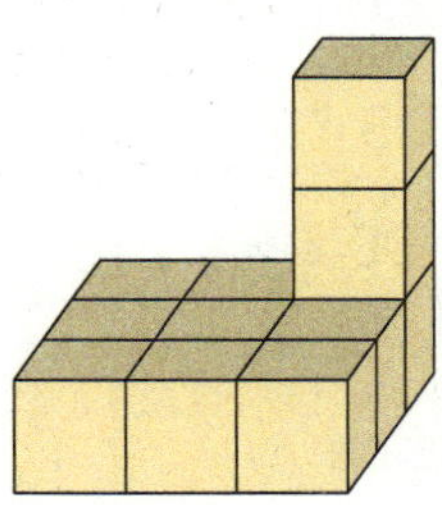

Es sind _____ Würfel.

_____ Würfel fehlen noch.

b)

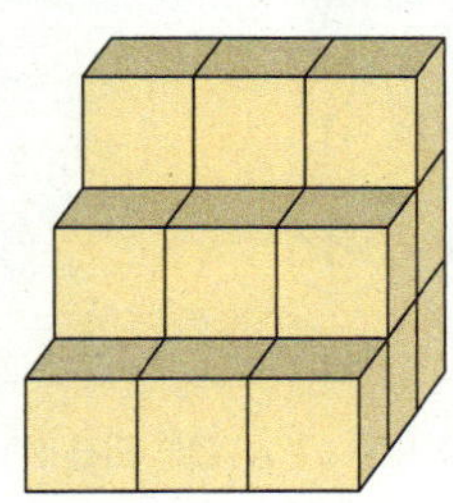

Es sind _____ Würfel.

_____ Würfel fehlen noch.

c)

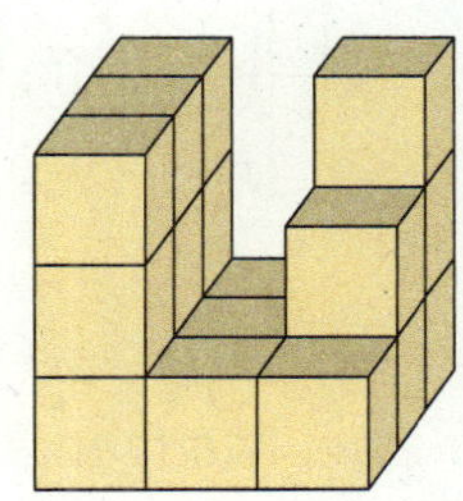

Es sind _____ Würfel.

_____ Würfel fehlen noch.

4. Die Figur soll zu einem Quader ergänzt werden.
Wie viele Würfel sind es? Wie viele Würfel fehlen noch?

a)

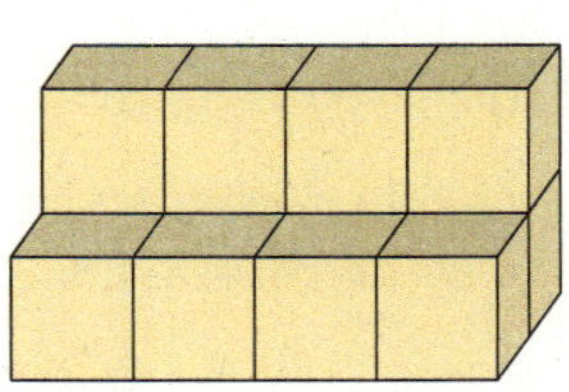

Es sind _____ Würfel.

_____ Würfel fehlen noch.

b)

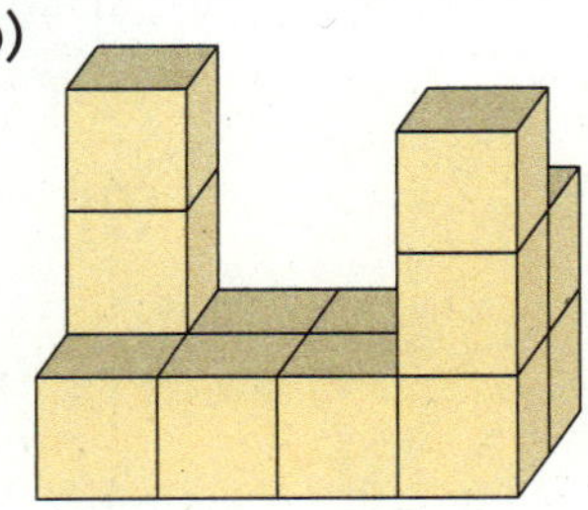

Es sind _____ Würfel.

_____ Würfel fehlen noch.

c)

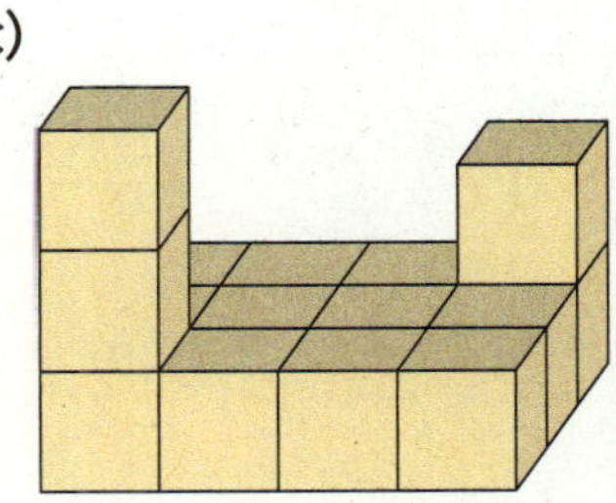

Es sind _____ Würfel.

_____ Würfel fehlen noch.

Volumeneinheiten

1. Was gehört zusammen? Verbinde.

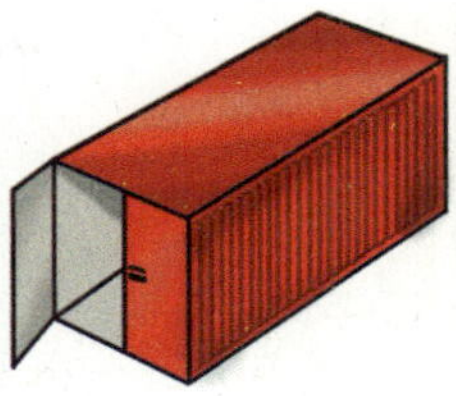

70 m^3	1 ℓ	120 ℓ	15 cm^3	10 ℓ

2. Mit 1 ℓ Wasser kannst du einen Würfel mit der Kantenlänge 10 cm genau füllen. Wandle um.

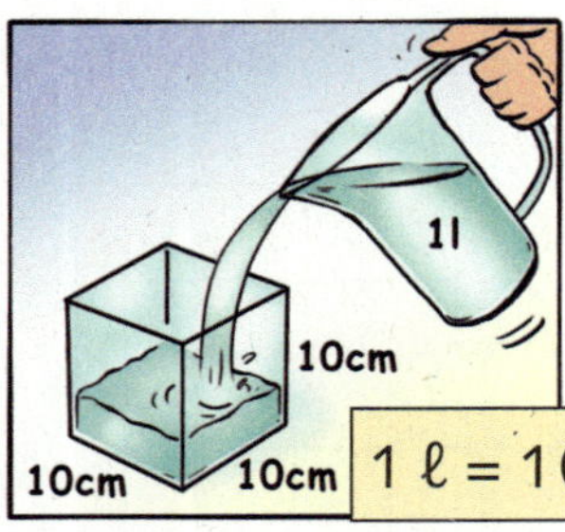

1 ℓ = 1000 cm^3

a) 4 ℓ = ______ cm^3
8 ℓ = ______ cm^3
4,5 ℓ = ______ cm^3
0,4 ℓ = ______ cm^3
0,75 ℓ = ______ cm^3

b) 1200 cm^3 = ______ ℓ
700 cm^3 = ______ ℓ
7500 cm^3 = ______ ℓ
250 cm^3 = ______ ℓ
10000 cm^3 = ______ ℓ

3. Wandle um.

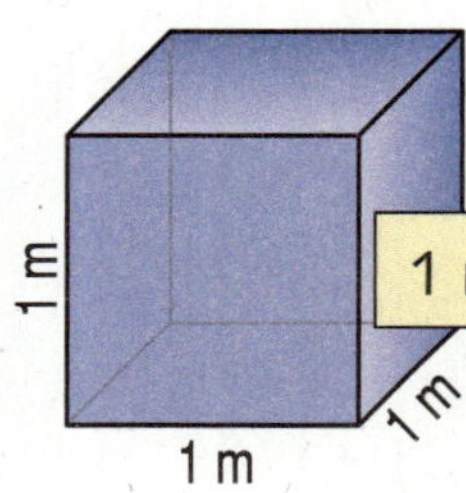

1 m^3 = 1000 ℓ

a) 2 m^3 = ______ ℓ
0,5 m^3 = ______ ℓ
2,5 m^3 = ______ ℓ
1,9 m^3 = ______ ℓ
0,75 m^3 = ______ ℓ

b) 5000 ℓ = ______ m^3
250 ℓ = ______ m^3
5600 ℓ = ______ m^3
7623 ℓ = ______ m^3
10000 ℓ = ______ m^3

4. Immer zwei Mengenangaben sind gleich. Färbe sie in der gleichen Farbe.

1500 cm^3	2000 cm^3	500 cm^3	1000 cm^3
$\frac{1}{2}$ ℓ	1 ℓ	$\frac{1}{4}$ ℓ	5 ℓ
2 ℓ	250 cm^3	5000 cm^3	1,5 ℓ

5. a) $\frac{1}{2}$ ℓ = ______ cm^3
$1\frac{1}{2}$ ℓ = ______ cm^3
$2\frac{1}{2}$ ℓ = ______ cm^3

b) $\frac{1}{4}$ ℓ = ______ cm^3
$2\frac{1}{4}$ ℓ = ______ cm^3
$3\frac{1}{4}$ ℓ = ______ cm^3

c) $\frac{1}{10}$ ℓ = ______ cm^3
$\frac{7}{10}$ ℓ = ______ cm^3
$\frac{9}{10}$ ℓ = ______ cm^3

Volumen von Quader und Würfel

1. Wie viele Würfel passen in den Quader?

a)

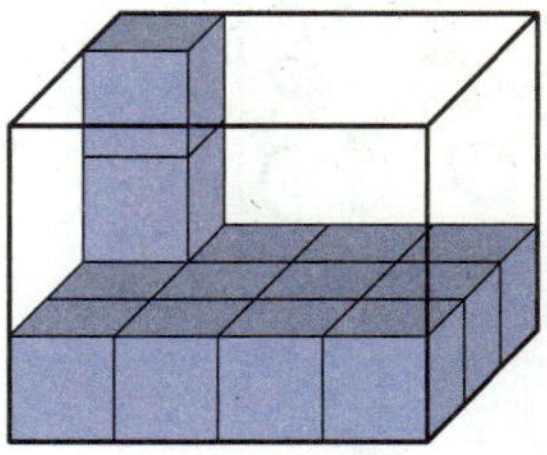

_______ Würfel

b)

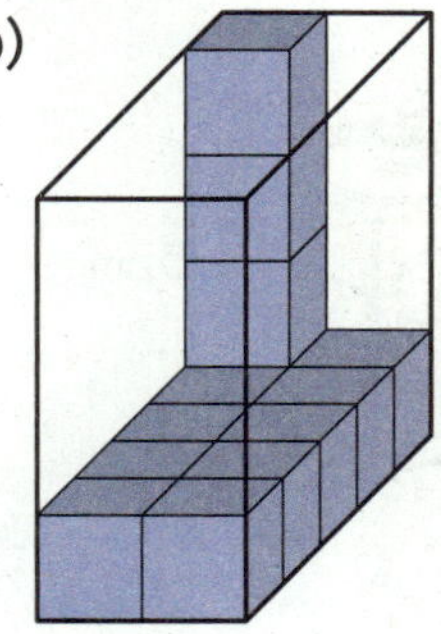

_______ Würfel

c)

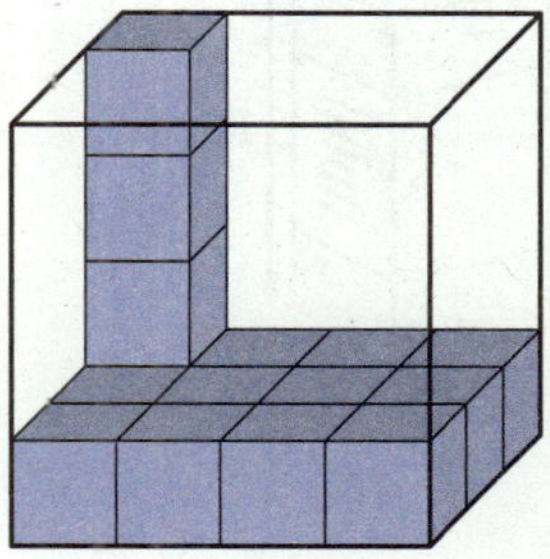

_______ Würfel

2. Die Würfel haben die Kantenlänge 1 cm. Bestimme das Volumen des Quaders.

a)

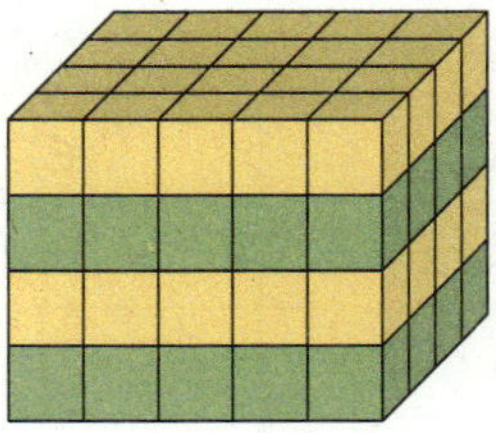

Anzahl der Würfel in einer Schicht: 20

Anzahl der Schichten: 4

Anzahl der Würfel insgesamt im Quader: ____

V = _______ cm^3

b)

Anzahl der Würfel in einer Schicht: _______

Anzahl der Schichten: ____

Anzahl der Würfel insgesamt im Quader: ____

V = _______ cm^3

c)

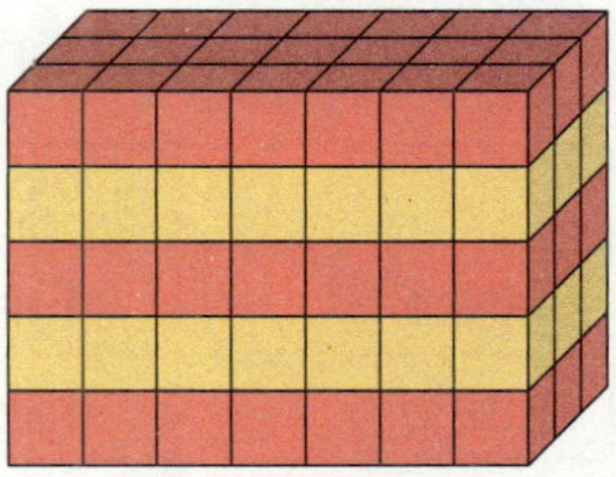

Anzahl der Würfel in einer Schicht: _______

Anzahl der Schichten: ____

Anzahl der Würfel insgesamt im Quader: ____

V = _______ cm^3

3. Ein Quader hat ein Volumen von 60 cm^3. In einer Schicht sind immer 30 Würfel mit der Kantenlänge 1 cm. Wie viele Schichten sind es? A: _______________

4. Berechne das Volumen des Quaders.

a)

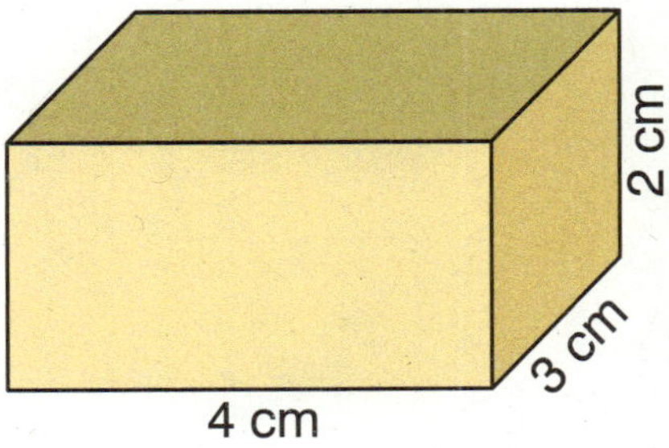

$V = a \cdot b \cdot c$

$V = 4\ cm \cdot 3\ cm \cdot 2\ cm$

V = _______ cm^3

b)

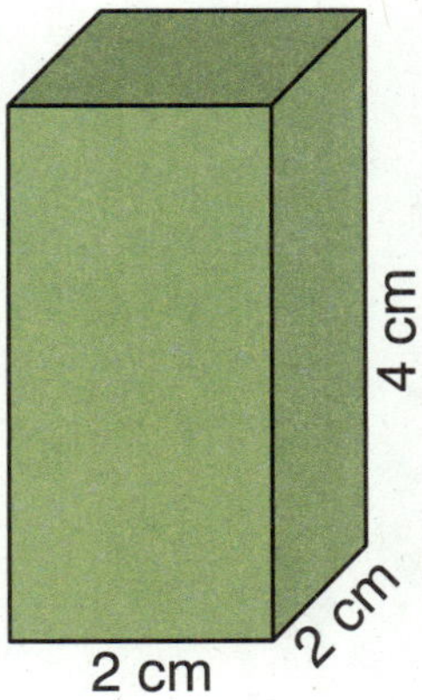

V = _______________

V = _______________

V = _______________

c)

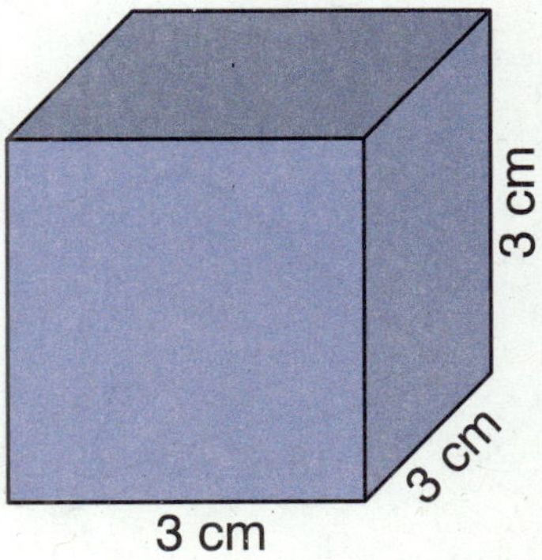

V = _______________

V = _______________

V = _______________

1. Berechne das Volumen der Packung.

a)

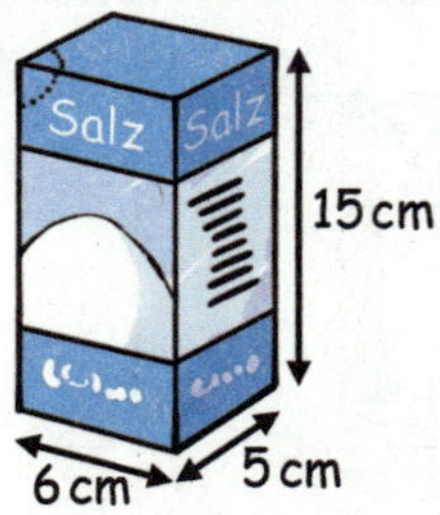

$V = a \cdot b \cdot c$

V = ___ cm · ___ cm · ___ cm

V = ______ cm^3

b)

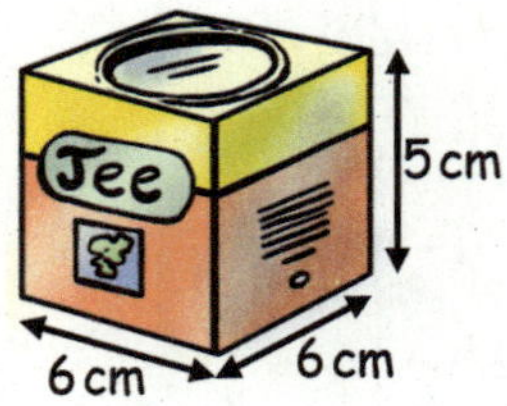

V = ______________

V = ______________

V = ______________

c)

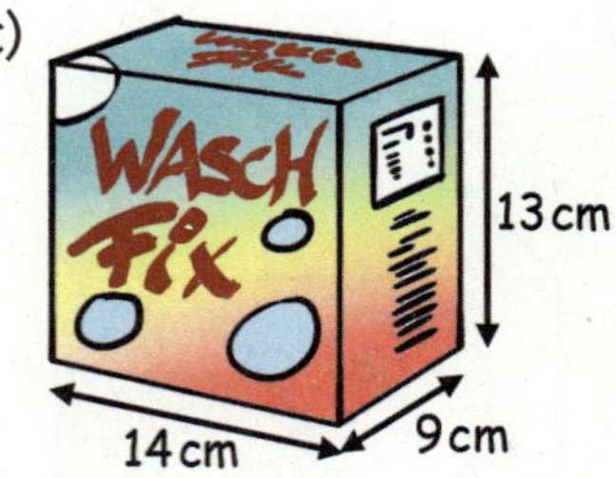

V = ______________

V = ______________

V = ______________

2. Berechne das Volumen des Quaders.

	a)	b)	c)	d)	e)
Seite a	4 cm	3 cm	4 cm	3 m	4 m
Seite b	6 cm	10 cm	4 cm	5 m	4 m
Seite c	1 cm	5 cm	4 cm	2 m	1 m
Volumen V					

3. Berechne das Volumen des Laderaumes.

a)

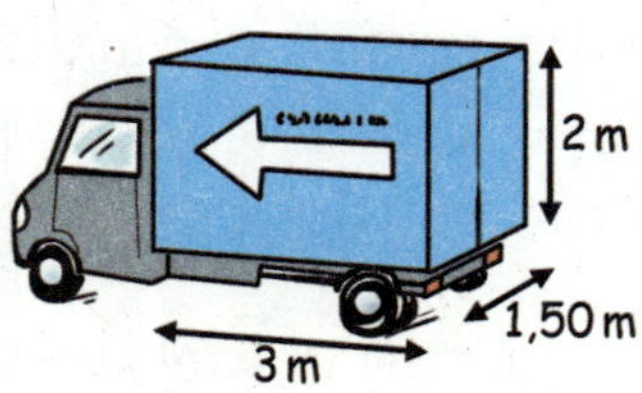

V = ______________

V = ______________

V = ______________

b)

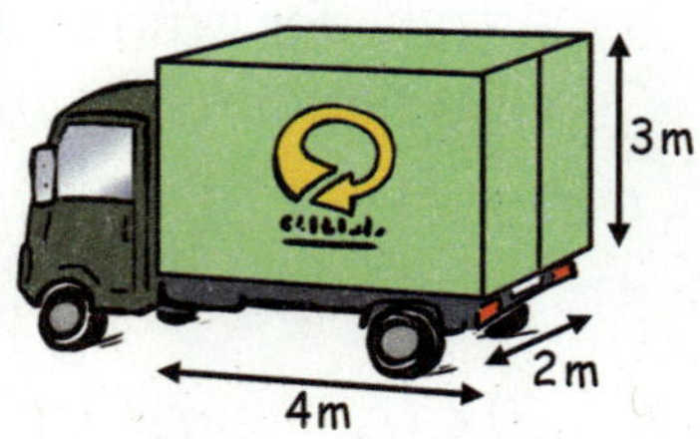

V = ______________

V = ______________

V = ______________

c)

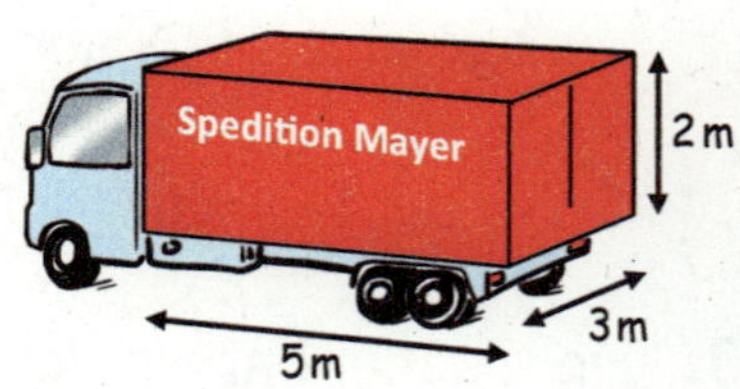

V = ______________

V = ______________

V = ______________

4. Das Wasserbecken ist 2 m tief.

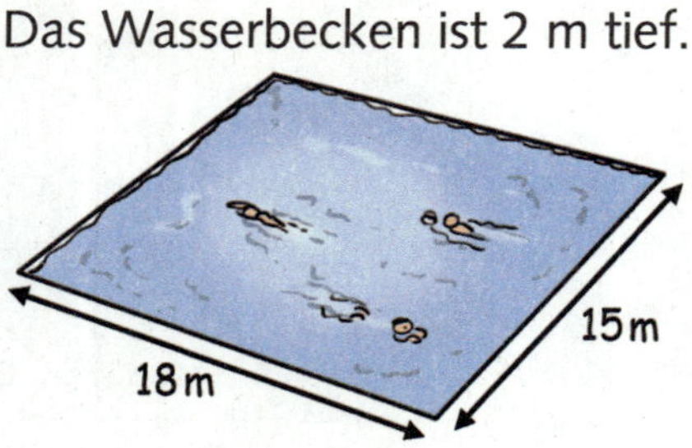

Wie viel m^3 Wasser fasst das Becken?

A: ______________________________

5. Eine Baugrube soll 10 m lang, 5 m breit und 3 m tief werden.
Wie viel m^3 Erde müssen ausgehoben werden?

A: ______________________________

Übungen zu Volumen und Oberflächeninhalt des Quaders

1. Die Schülerfirma bezieht einen Container als Büro. Wie groß ist das Volumen des Containers?

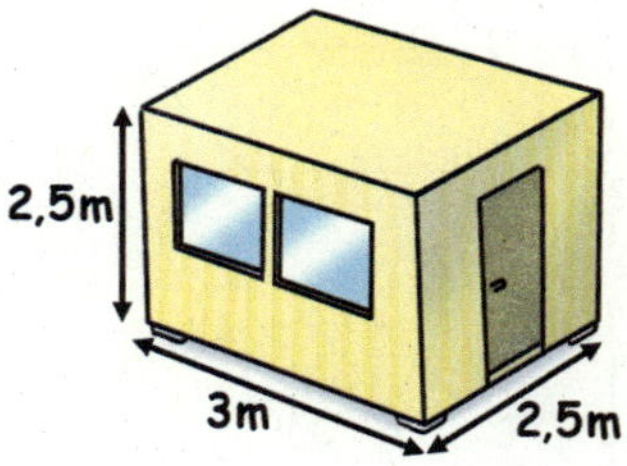

A:

2. Bei einem Versandservice gibt es Pakete in den Größen Mini und Maxi.
Berechne das Volumen der Pakete.

	MINI	MAXI
Länge	20 cm	40 cm
Breite	15 cm	30 cm
Höhe	15 cm	15 cm
Volumen		

3. Wie viel cm^2 Pappe werden mindestens für die Verpackung benötigt?

A:

4. Bestimme Volumen und Oberflächeninhalt der Packung.

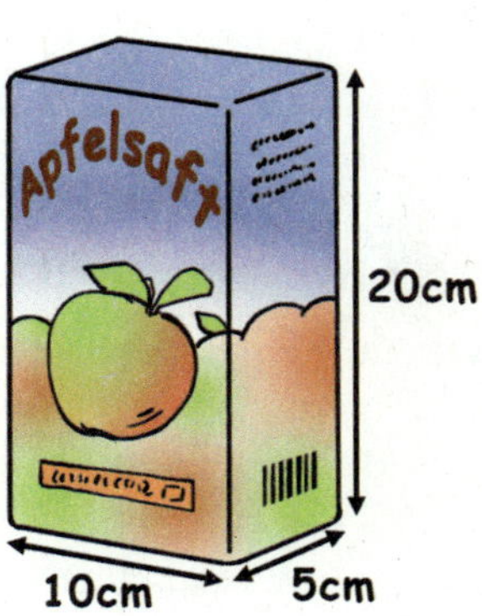

V =

O =

Vermischte Übungen

1. Wie viele Würfel passen in den Quader?

a)

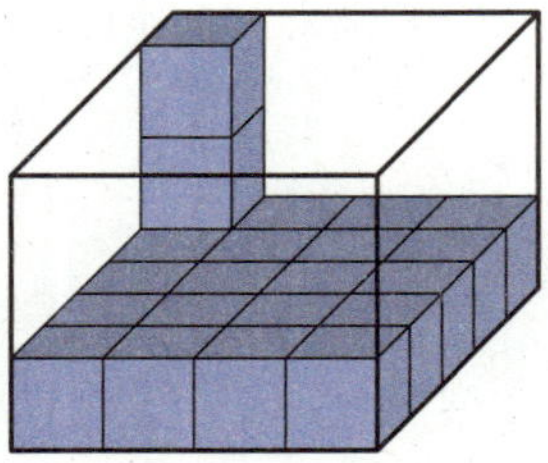

_______ Würfel

b)

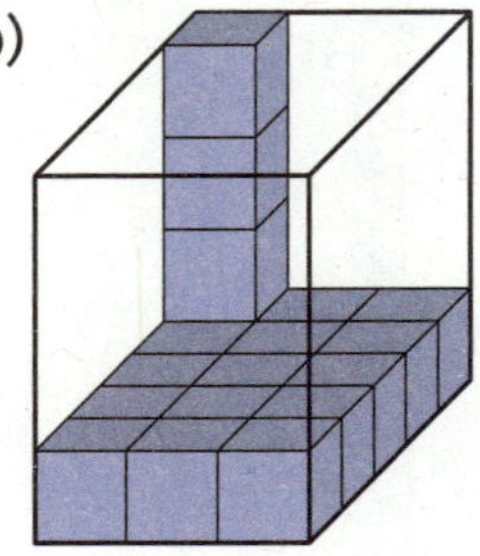

_______ Würfel

c)

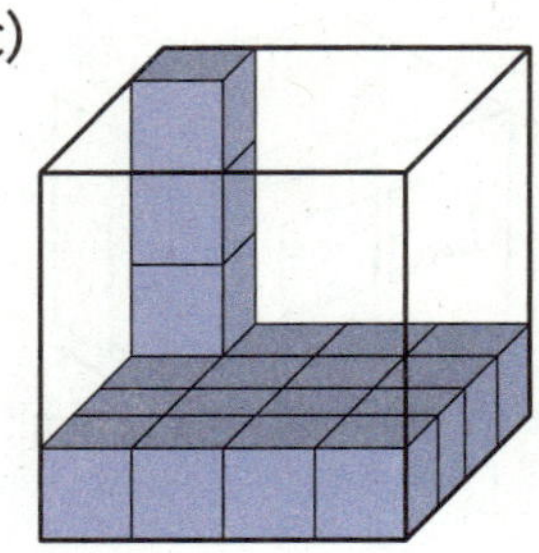

_______ Würfel

2. Volumen oder Oberfläche? Was muss berechnet werden? Kreuze an.

		V	O
a)	Ein Lkw wird mit Sand beladen.		
b)	Rabea beklebt einen Geschenkkarton rundum mit Buntpapier.		
c)	Ein Aquarium wird mit Wasser gefüllt.		

3. Immer zwei Angaben für das gleiche Volumen. Färbe in der gleichen Farbe.

a)

500 cm^3	7,5 ℓ	0,75 ℓ
750 cm^3	7500 cm^3	0,5 ℓ

b)

2 m^3	5000 ℓ	0,5 m^3
500 ℓ	2000 ℓ	5 m^3

4. Berechne das Volumen. Wandle um in Liter.

a)

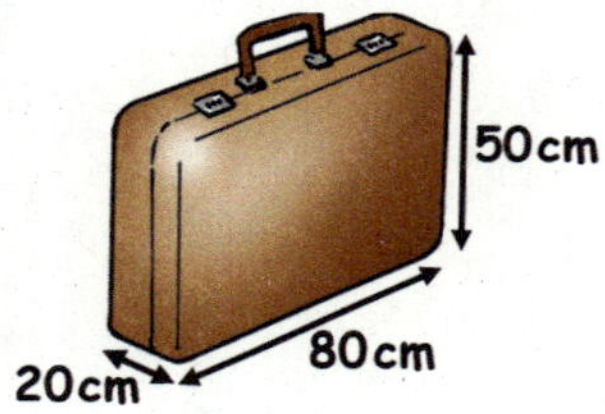

V = _______ cm^3 = _______ ℓ

b)

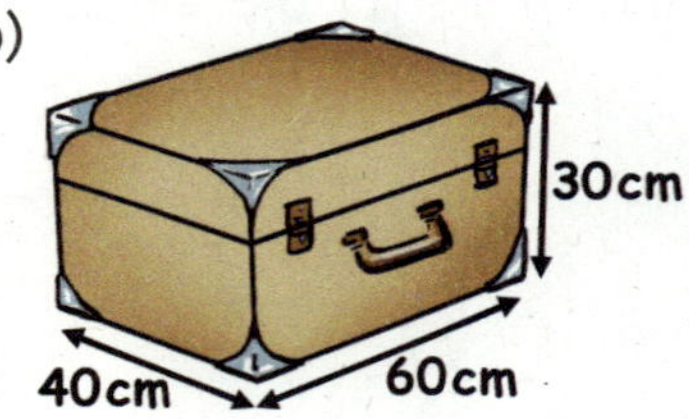

V = _______ cm^3 = _______ ℓ

c)

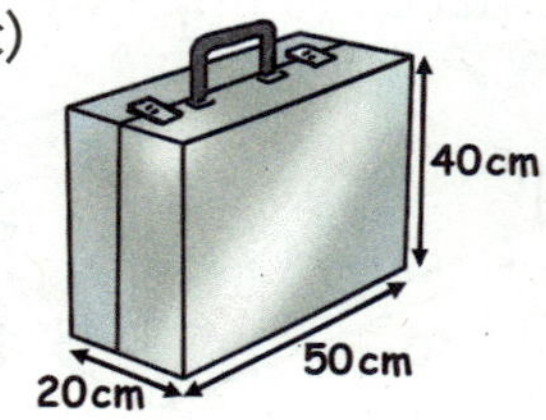

V = _______ cm^3 = _______ ℓ

5. Das Straßenbauamt bestellt Holzkisten zur Lagerung von Streusand für den Winter.

a) Wie viel m^3 Sand passen in eine Kiste?

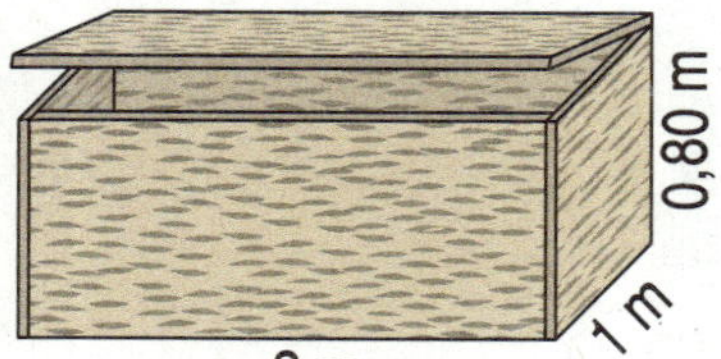

A: _______________________

b) Wie viel m^2 Holz werden für eine Kiste benötigt?

A: _______________________

7 Symmetrien und Muster

1. Setze das Streifenmuster fort und male es an.

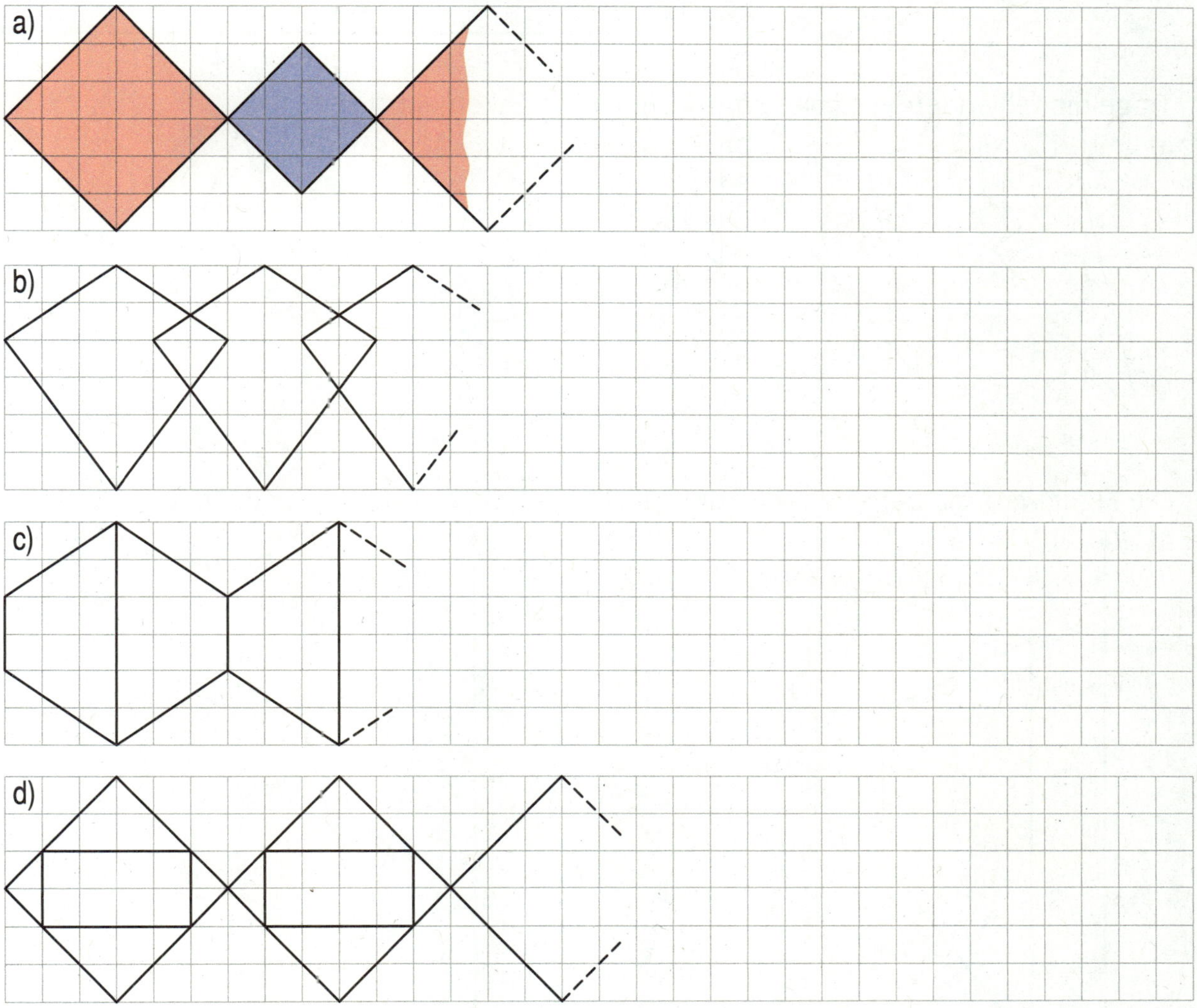

2. Setze das Muster fort und male es an.

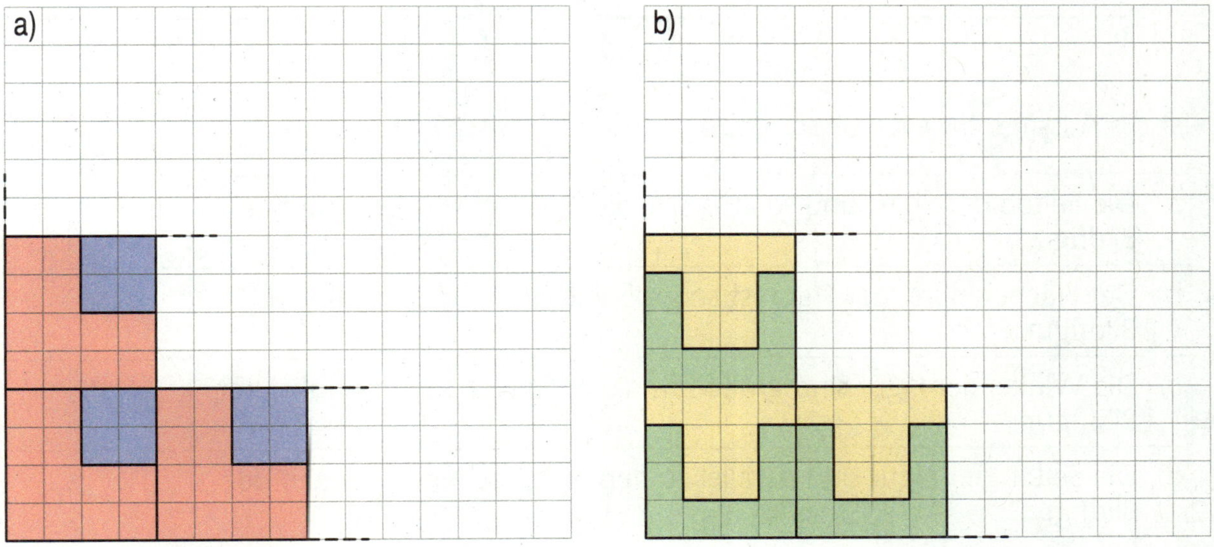

Verschiebung

Lea hat mit einer Schablone ein Dreieck an die Tafel gezeichnet. Dann hat sie die Schablone verschoben und damit erneut ein Dreieck gezeichnet.
Die Pfeile zeigen die Länge und die Richtung der Verschiebung.

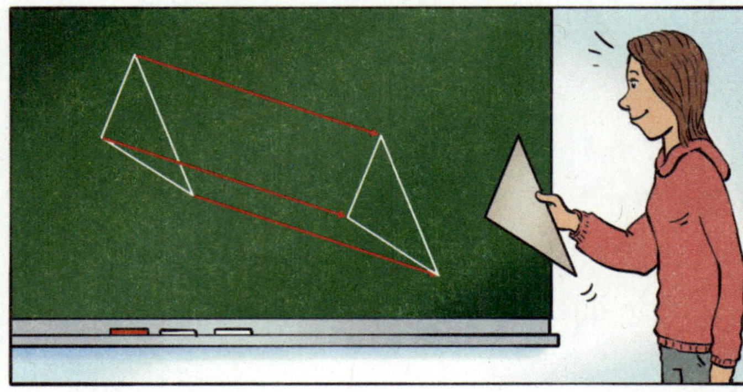

1. Trage die fehlenden Verschiebungspfeile für die Ecken ein.

a)

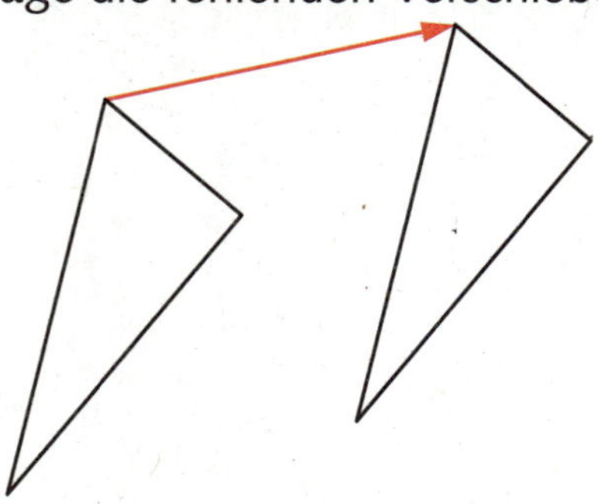

b)

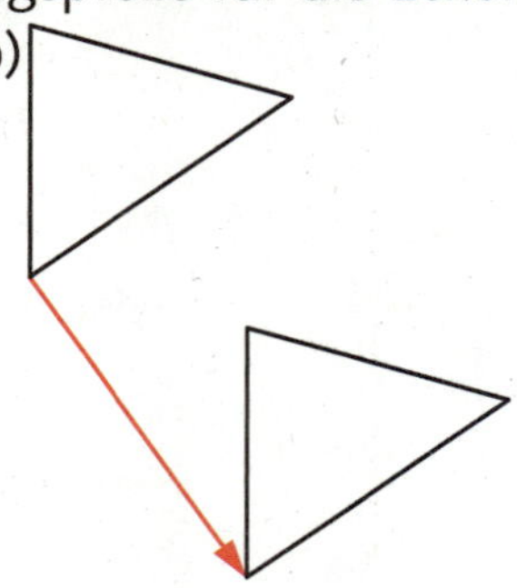

c)

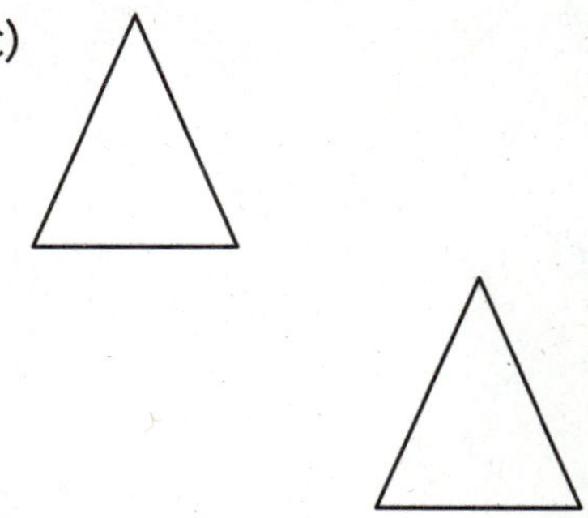

2. Die Figur wird mit dem Verschiebungspfeil verschoben. Zeichne die Bildfigur.

a)

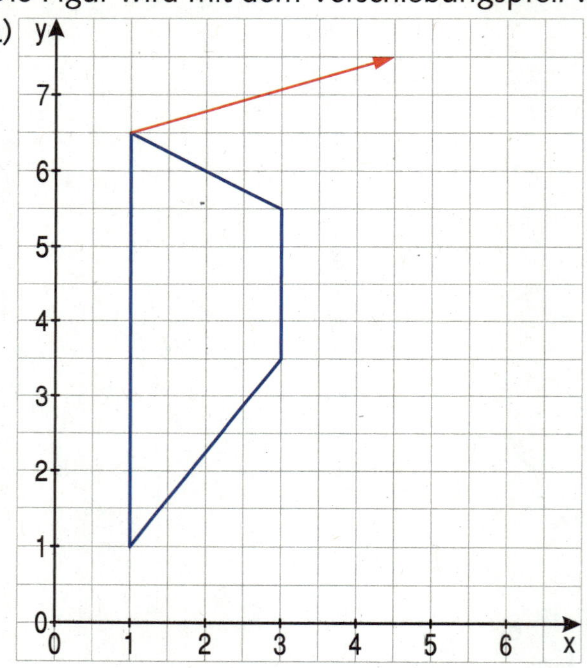

b)

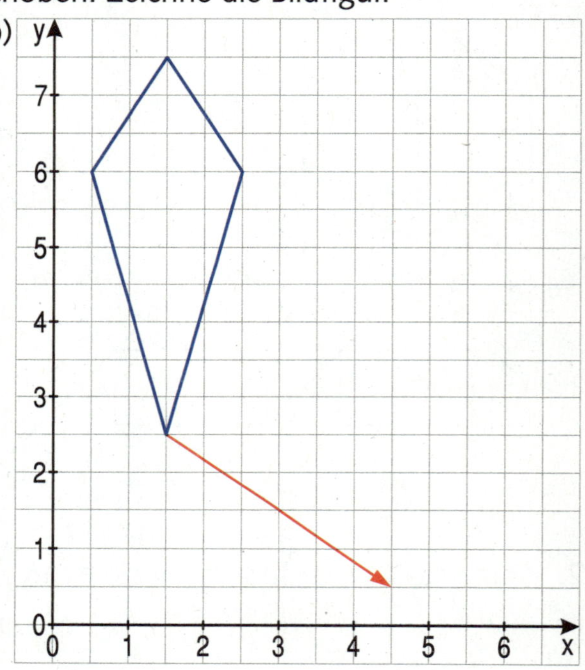

3. Ist die Aussage für eine Verschiebung wahr oder falsch? Kreuze an.

	wahr	falsch
a) Die Seiten der Figur sind so lang wie die entsprechenden Seiten der Bildfigur.		
b) Der Flächeninhalt der Figur ist so groß wie der Flächeninhalt der Bildfigur.		
c) Die Winkel der Figur sind größer als die entsprechenden Winkel der Bildfigur.		
d) Die Seiten der Figur sind parallel zu den entsprechenden Seiten der Bildfigur.		

Achsenspiegelung

1. Ergänze die Figur zu einer achsensymmetrischen Figur.

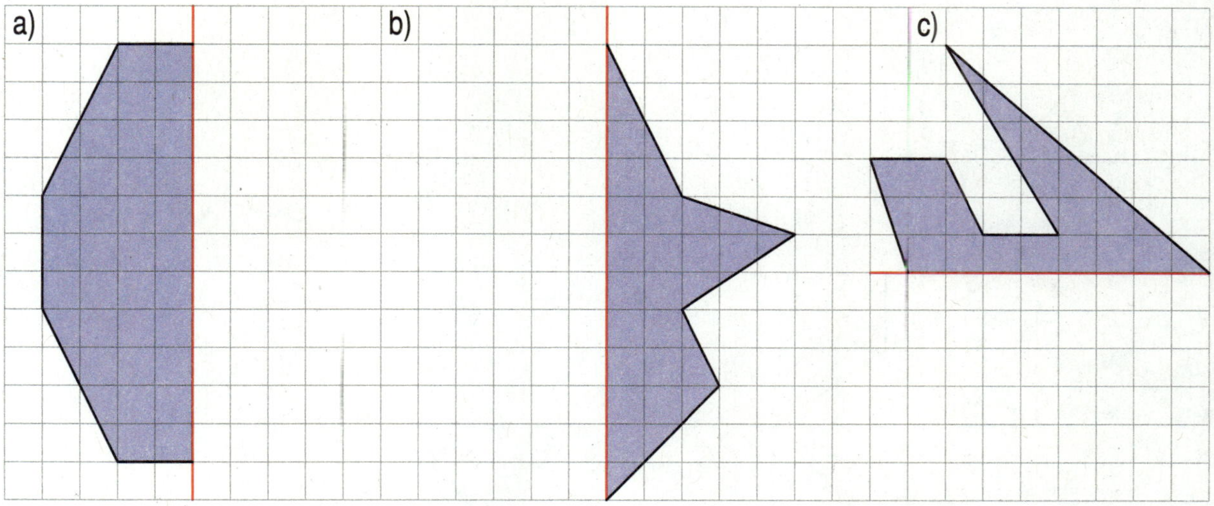

2. Spiegele die Figur an der Spiegelachse s.

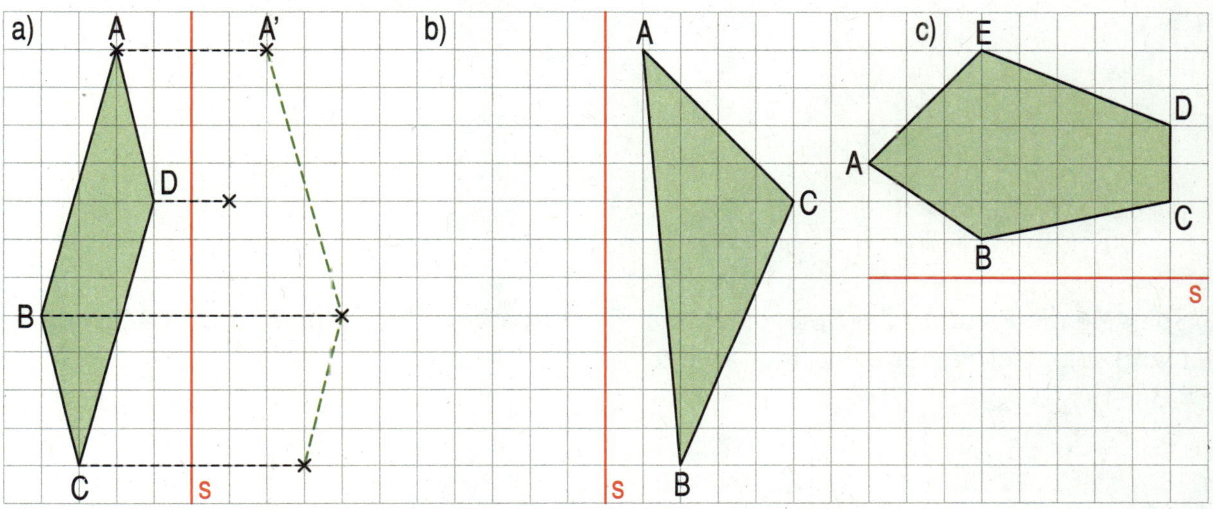

3. Spiegele die Figur an der Spiegelachse s.

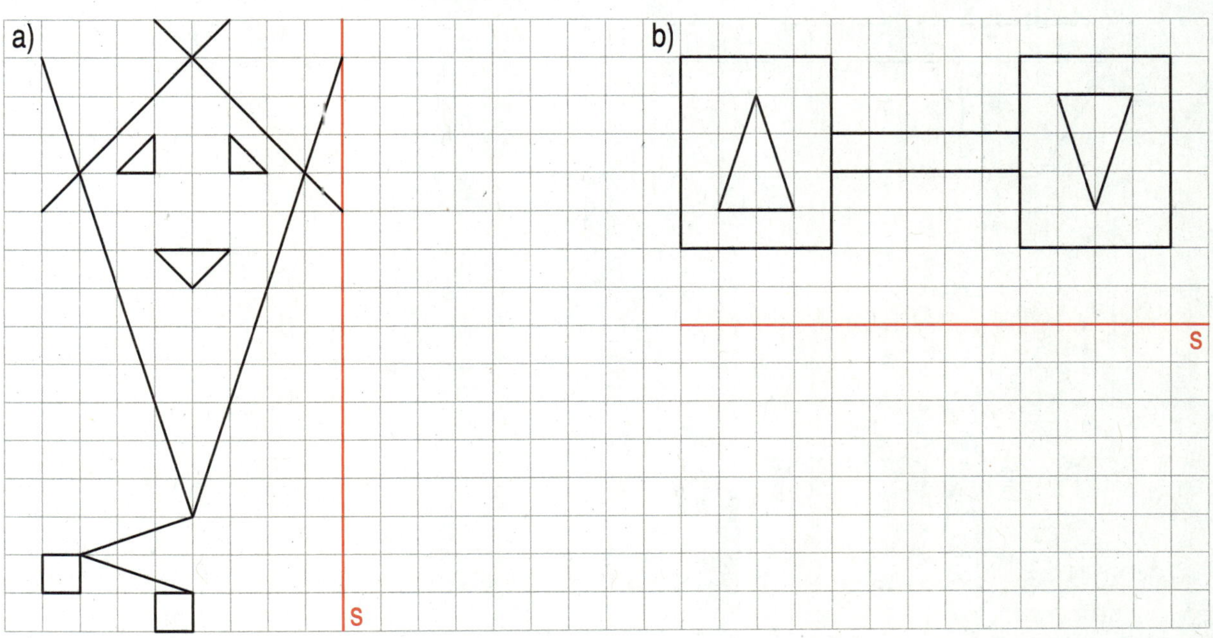

Achsenspiegelung

1. Spiegele die Figur an der Spiegelachse s.

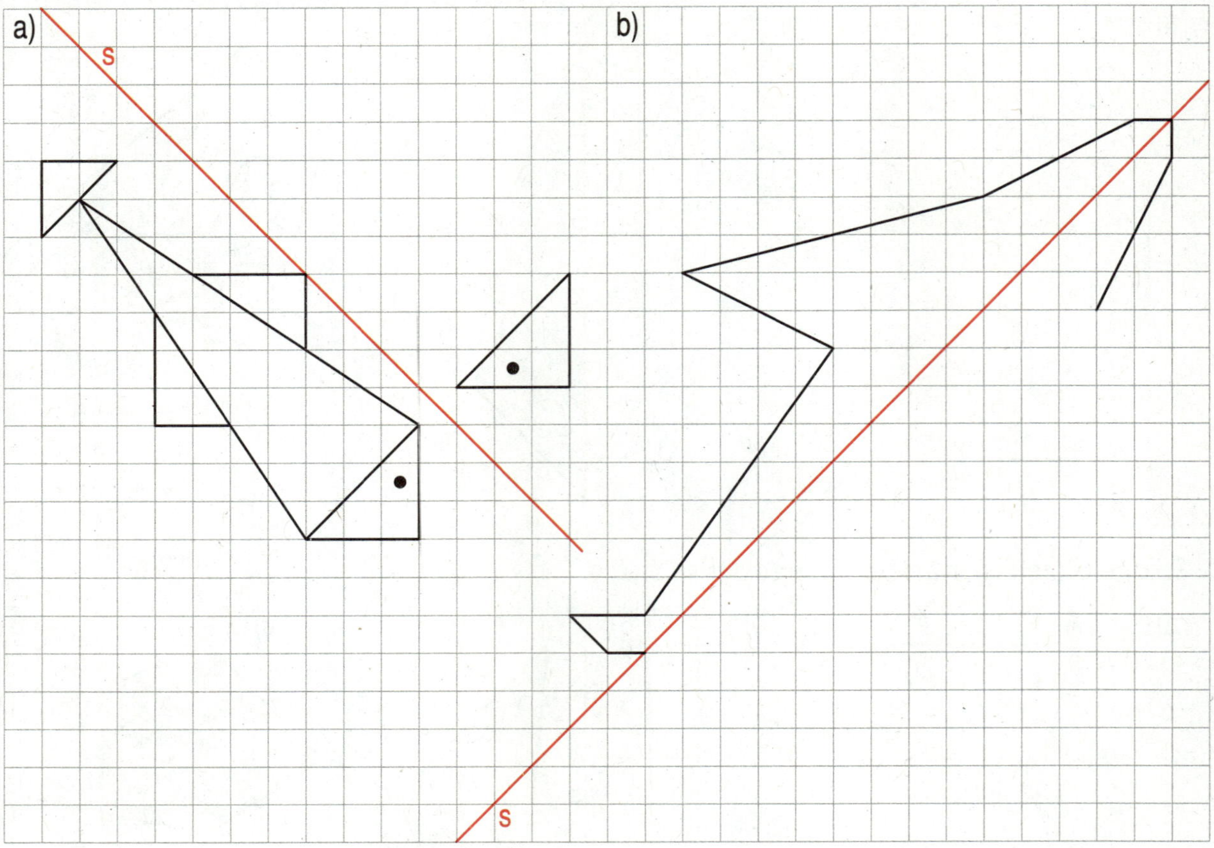

2. Spiegele die Figur an der Spiegelachse a. Dann spiegele die Bildfigur an der Achse b. Dann spiegele die neue Bildfigur an der Achse c.

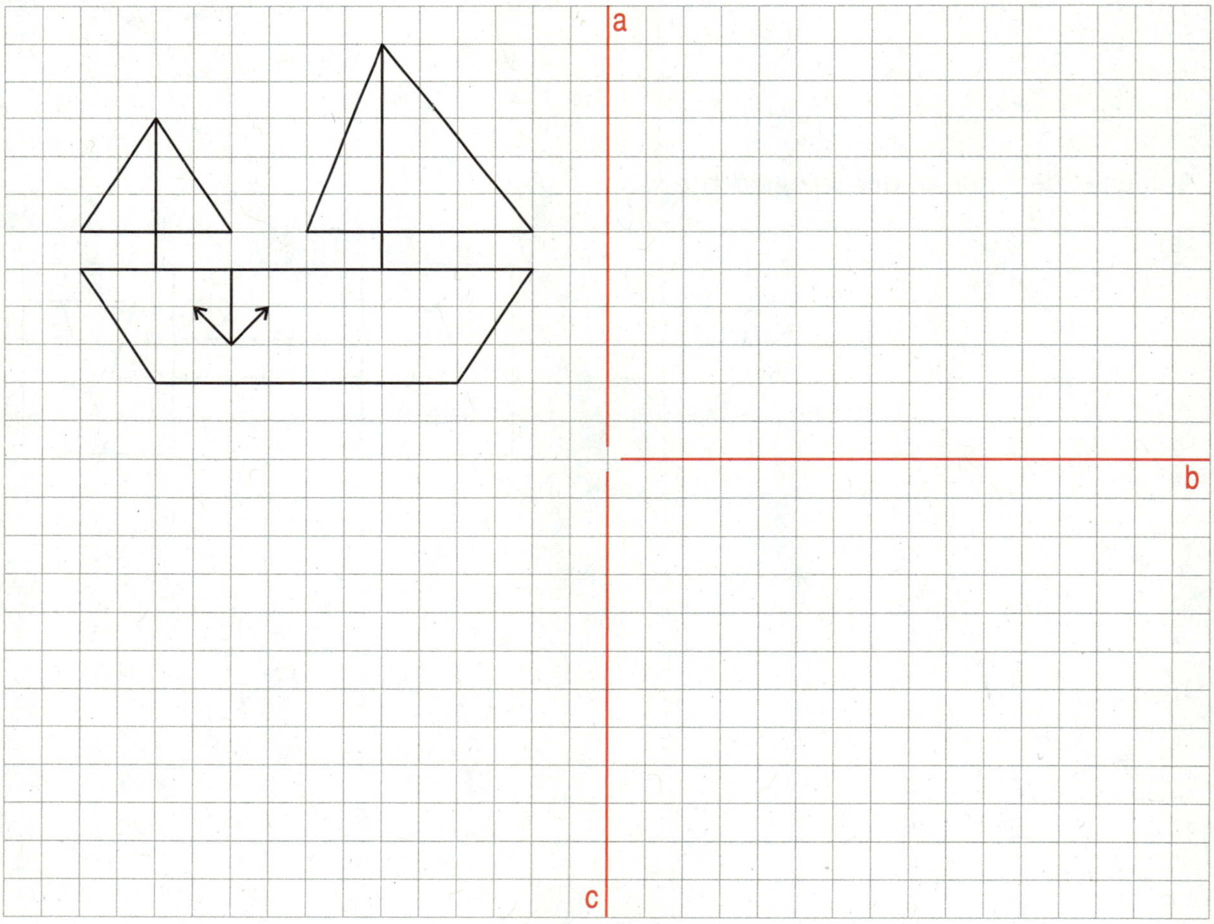

Drehung

1. Drehe die Figur um 90° links herum. Der Drehpunkt ist der Punkt Z.

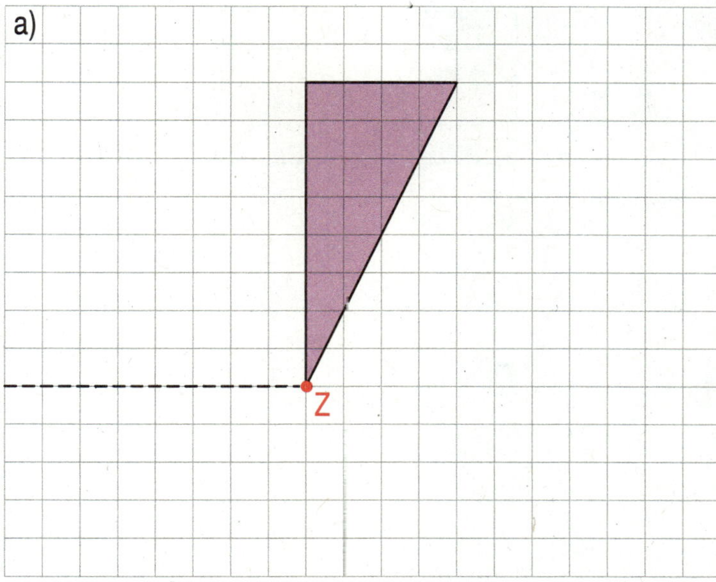

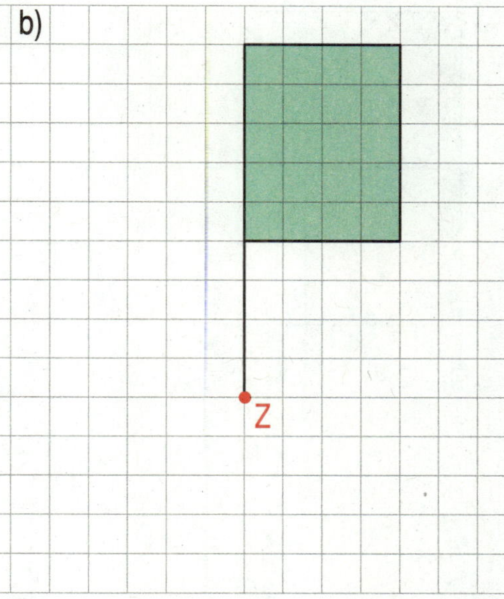

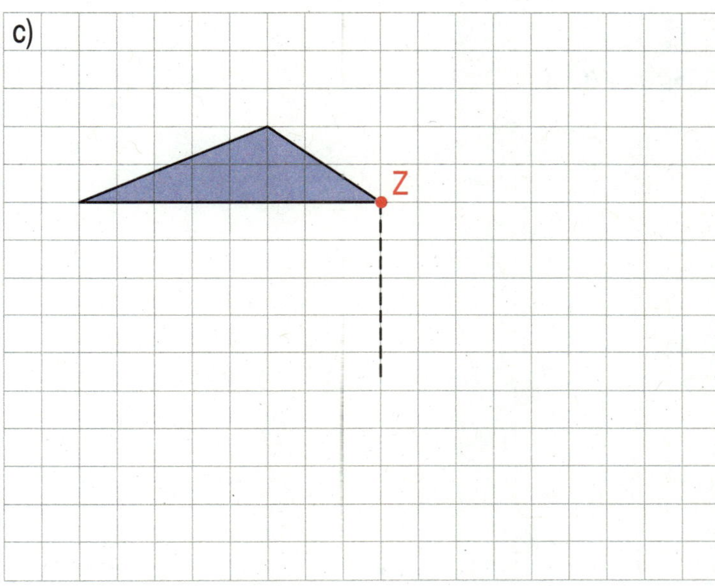

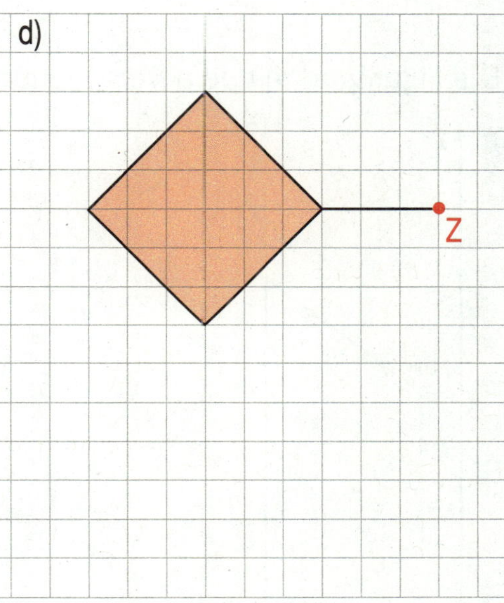

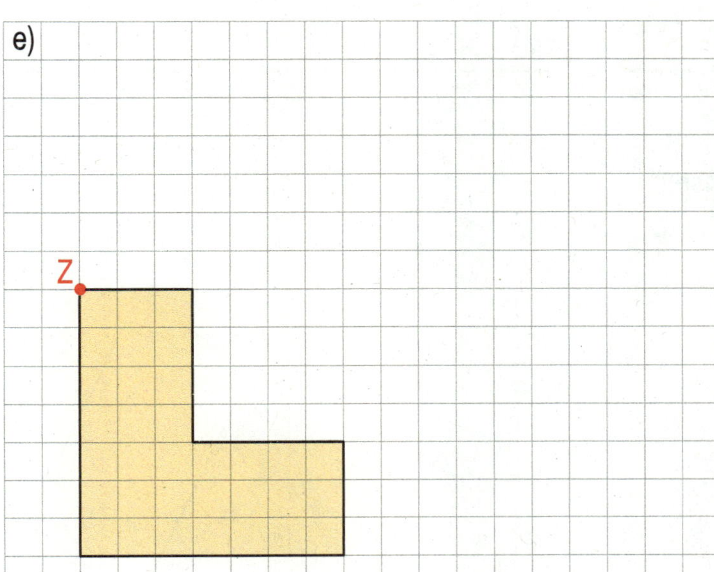

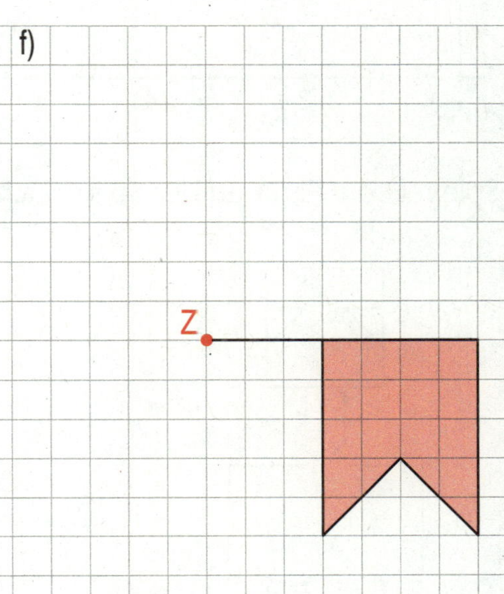

Vermischte Übungen

1. Setze das Muster fort und male es an.

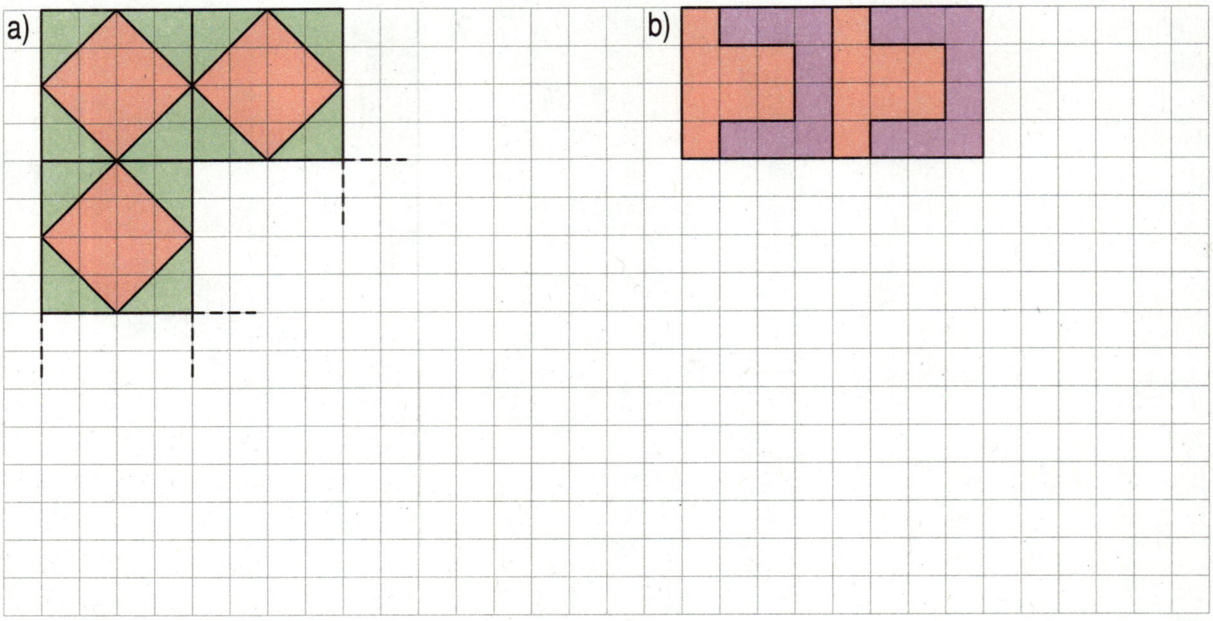

2. Die Figur wird mit dem Verschiebungspfeil verschoben. Zeichne die Bildfigur.

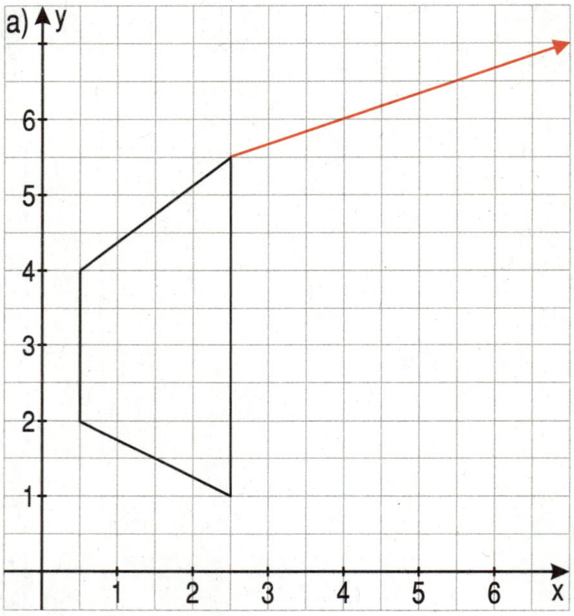

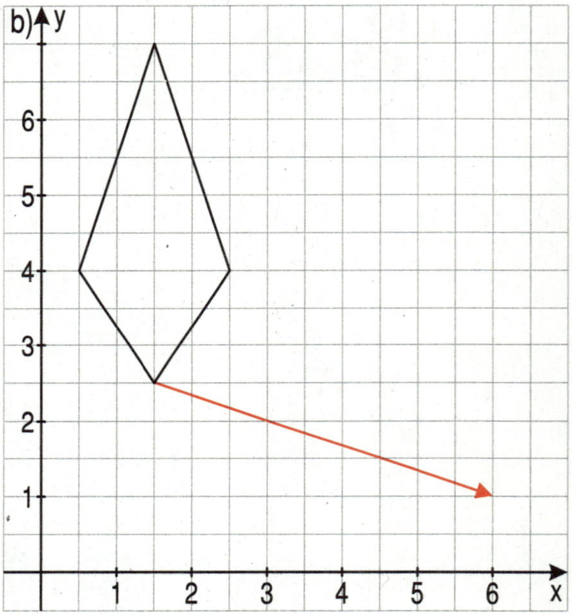

3. Spiegele die Figur an der Spiegelachse s.

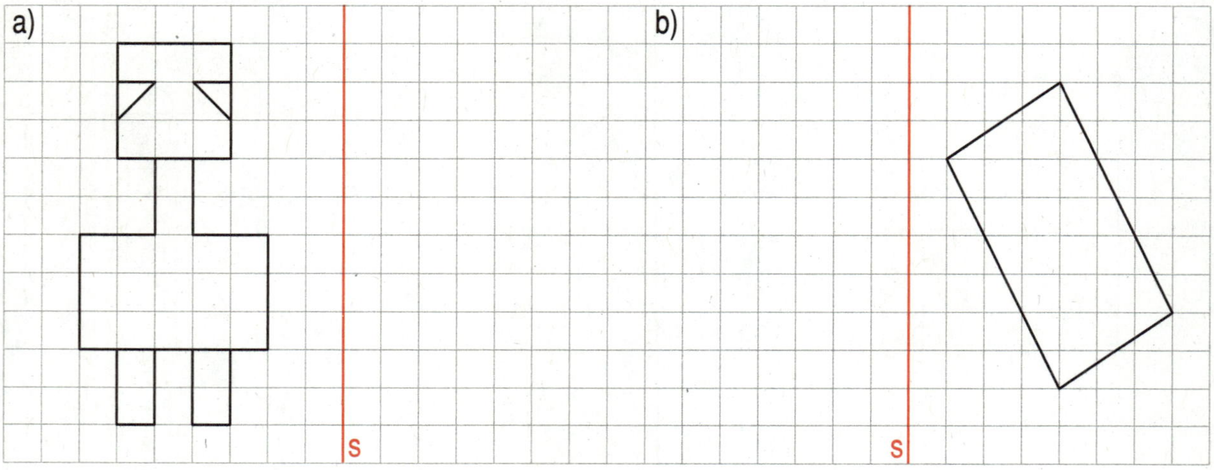

8 Teiler und Vielfache

1. Die Klasse 6a besteht aus 20 Schülerinnen und Schülern. Diese sollen in gleich große Tischgruppen eingeteilt werden.
Paul schägt vor, 4 Gruppentische zu bilden. Maria findet 5 Gruppentische besser.
Vervollständige die Zeichnungen.

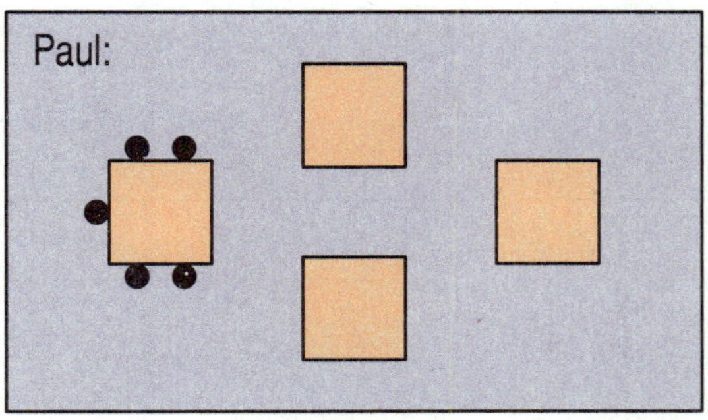

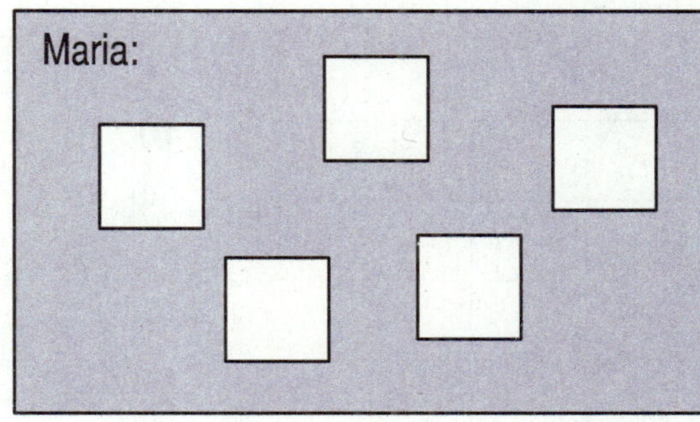

2. Die 19 Schülerinnen und Schüler der Klasse 6b sollen an Gruppentischen arbeiten.
Es können aber nur Dreier- oder Vierertische gebildet werden.
Es gibt zwei Möglichkeiten. Stelle beide Möglichkeiten zeichnerisch dar.

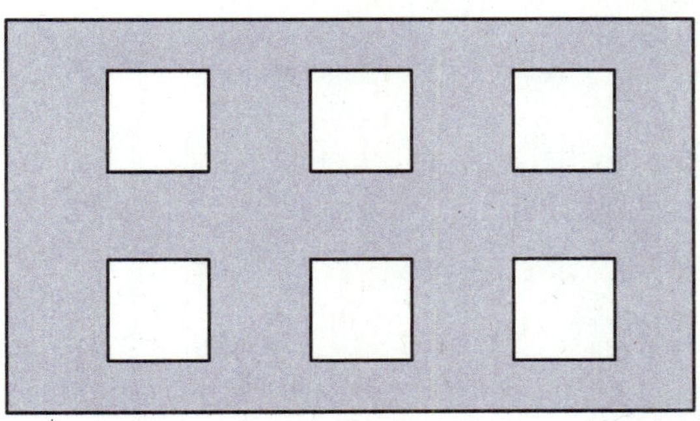

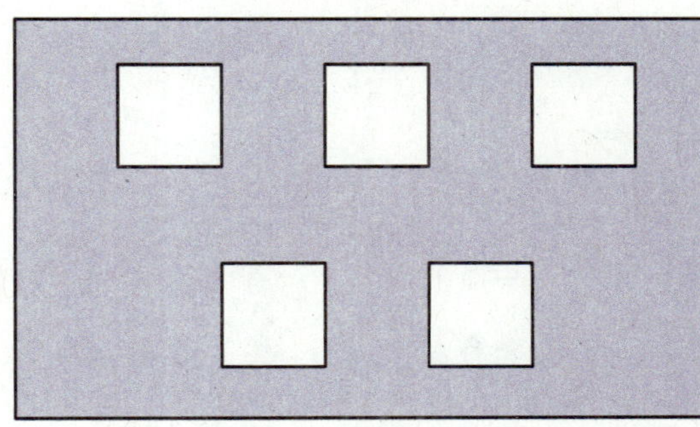

3. Am Sportunterricht nehmen 24 Schüler teil. Für den Staffellauf sollen gleich große Mannschaften gebildet werden. Wie viele Schüler sind jeweils in einer Mannschaft?

2 Staffeln: 12 Schüler je Mannschaft

3 Staffeln: ______ Schüler je Mannschaft

4 Staffeln: ______ Schüler je Mannschaft

6 Staffeln: ______ Schüler je Mannschaft

4. Eine Basketball-Mannschaft besteht aus 6 Spielern. 21 Schüler möchten Basketball spielen.
a) Wie viele Mannschaften können gebildet werden?

A: ____

b) Wie viele Schüler bleiben übrig und können zunächst nicht mitspielen?

A: ____

Teiler und Vielfache

1. a) 5 · 3 = ____ b) 4 · 8 = ____ c) 4 · 4 = ____ d) 2 · 9 = ____

10 · 2 = ____ 2 · 6 = ____ 3 · 8 = ____ 7 · 7 = ____

3 · 3 = ____ 4 · 5 = ____ 9 · 3 = ____ 9 · 8 = ____

2. Ergänze.

a) 3 · ____ = 6 b) ____ · 4 = 40 c) 9 · ____ = 45 d) ____ · 7 = 35

2 · ____ = 16 ____ · 4 = 12 6 · ____ = 18 7 · ____ = 28

5 · ____ = 20 ____ · 2 = 8 ____ · 5 = 30 ____ · 8 = 32

8 · ____ = 24 ____ · 5 = 25 ____ · 3 = 21 9 · ____ = 63

3. a)

·	2	5	3
3			
4			
5			

b)

·	10	8	7
6			
7			
8			

c)

·		4	6
2	18		
9			
		40	

4. a) 10 : 2 = ____ b) 50 : 5 = ____ c) 18 : 3 = ____ d) 28 : 4 = ____

14 : 2 = ____ 25 : 5 = ____ 24 : 6 = ____ 64 : 8 = ____

8 : 2 = ____ 35 : 5 = ____ 9 : 3 = ____ 42 : 7 = ____

5. Ergänze.

a) 8 : ____ = 4 b) ____ : 6 = 4 c) 40 : ____ = 4 d) ____ : 7 = 7

12 : ____ = 3 ____ : 2 = 8 42 : ____ = 6 24 : ____ = 3

30 : ____ = 5 ____ : 8 = 5 ____ : 3 = 5 48 : ____ = 6

16 : ____ = 4 ____ : 9 = 3 ____ : 10 = 7 ____ : 6 = 9

6. Vervollständige die Reihe.

a) Vielfache von 2:	2	4	6							20
b) Vielfache von ____:	3	6		12						
c) Vielfache von ____:	4	8			20					

7. Markiere die Zahlen der 1 x 1-Reihe.

a) Vielfache von 5

12	15	20	45
5	25	35	50
10	9	30	40

b) Vielfache von 6

24	18	8	60
30	12	42	45
54	36	6	48

c) Vielfache von 7

63	7	54	49
56	35	28	45
42	14	27	70

Teiler und Vielfache

1. Finde alle Teiler.

a) 12 : 1 = 12
12 : 2 = ___
12 : 3 = ___
12 : ___ = ___
12 : 6 = ___
12 : ___ = ___
Teiler von 12:
1, 2, ___, ___, ___, ___

b) 18 : 1 = ___
18 : ___ = ___
18 : ___ = ___
18 : ___ = ___
18 : ___ = ___
18 : ___ = ___
Teiler von 18:
___, ___, ___,
___, ___, ___

c) 16 : ___ = ___
16 : ___ = ___
16 : ___ = ___
16 : ___ = ___
16 : ___ = ___
Teiler von 16:
___, ___, ___, ___, ___

2. Markiere die Teiler.

a) Teiler von 15

1	2	3	4	5	6	7	8	9	10	11	12	13	14	15	16	17	18	19	20

b) Teiler von 20

1	2	3	4	5	6	7	8	9	10	11	12	13	14	15	16	17	18	19	20

c) Teiler von 13

1	2	3	4	5	6	7	8	9	10	11	12	13	14	15	16	17	18	19	20

d) Teiler von 17

1	2	3	4	5	6	7	8	9	10	11	12	13	14	15	16	17	18	19	20

3. Notiere die gemeinsamen Teiler.

a) Teiler von 15 und von 20
___, ___

b) Teiler von 12 und von 18
___, ___, ___, ___

c) Teiler von 16 und von 20
___, ___, ___

4. Markiere die Zahlen, die das Tor treffen.

a) Alle Teiler von 60 treffen das Tor.

b) Alle Teiler von 100 treffen das Tor.

5. Finde fünf Vielfache von 3, die größer sind als 30.

___ ___ ___ ___ ___

Primzahlen

> Natürliche Zahlen, die genau zwei Teiler haben, heißen **Primzahlen**.
> Die Zahl 1 hat nur einen Teiler und ist deswegen keine Primzahl.

1. Notiere alle Primzahlen bis 10.

____

2. So kannst du im Hunderterfeld alle Primzahlen bis 100 finden:

- Streiche die 1. Sie ist keine Primzahl.
- Kreise die 2 ein, sie ist die erste Primzahl.
- Streiche alle Vielfachen von 2.
- Kreise die 3 ein, sie ist die nächste Primzahl.
- Streiche alle Vielfachen von 3.
- Kreise die nächste nicht gestrichene Zahl ein.
- Streiche alle Vielfachen dieser Zahl.
- Kreise die nächste nicht gestrichene Zahl ein und streiche alle Vielfachen dieser Zahl.
- Jetzt kreise alle noch nicht durchgestrichenen Zahlen ein.
- Die eingekreisten Zahlen sind die Primzahlen, die kleiner sind als 100.

~~1~~	(2)	3	~~4~~	5	6	7	8	9	10
11	12	13	14	15	16	17	18	19	20
21	22	23	24	25	26	27	28	29	30
31	32	33	34	35	36	37	38	39	40
41	42	43	44	45	46	47	48	49	50
51	52	53	54	55	56	57	58	59	60
61	62	63	64	65	66	67	68	69	70
71	72	73	74	75	76	77	78	79	80
81	82	83	84	85	86	87	88	89	90
91	92	93	94	95	96	97	98	99	100

3. Notiere alle 25 Primzahlen bis 100.

____

____

4. Warum gibt es keine Primzahl, deren letzte Ziffer eine 4 ist?

A: ____

5. Welche Endziffern können zweistellige Primzahlen nicht haben?

A: ____

6. Es gibt auch Primzahlen, die größer sind als 100.
Zwei der folgenden Zahlen sind Primzahlen. Markiere diese.

a) 400 | 192 | 333 | 1105 | 134 | 101 | 128 | 606 | 2000 | 113

b) 286 | 107 | 715 | 806 | 1004 | 7770 | 12003 | 6309 | 2015 | 109

Teilbarkeitsregeln

1. Markiere die Vielfachen

a) von 2

18	28	21	26
9	19	66	65
54	5	10	99

b) von 5

31	20	27	35
19	55	65	73
15	60	4	88

c) von 10

18	1	50	20
40	83	5	90
11	67	70	60

2. Eine Zahl ist **durch 2 teilbar**, wenn ihre **Endziffer 0, 2, 4, 6 oder 8** ist. Markiere die Zahlen, die durch 2 teilbar sind.

1	4	12	15	126	7	18	9	30	138
B	T	E	M	I	C	L	U	E	R

Lösungswort: ____________________

3. Eine Zahl ist **durch 10 teilbar**, wenn ihre **Endziffer 0** ist. Markiere die Zahlen, die durch 10 teilbar sind.

10	40	502	33	15	600	5	18	90
Z	A	M	P	O	H	R	T	L

Lösungswort: ____________________

4. Eine Zahl ist **durch 5 teilbar**, wenn ihre **Endziffer 0 oder 5** ist. Markiere die Zahlen, die durch 5 teilbar sind.

30	14	75	25	51	10	1 152	15	35
Z	S	I	F	J	F	B	E	R

Lösungswort: ____________________

5. Schreibe die 1 x 1-Reihe der 9 vollständig in dein Heft.

6. Eine Zahl ist **durch 9 teilbar**, wenn ihre **Quersumme** (Summe der Ziffern) **durch 9 teilbar** ist. Ergänze die fehlenden Ziffern, so dass die Zahl die Quersumme 9 hat.

4 1 4   6 1 2   3 3 _   2 0 _   8 _ 1   4 _ 3   _ 2 5   2 1 1 _   3 0 _ 4   4 0 0 _ 2

7. Eine Zahl ist **durch 3 teilbar**, wenn ihre **Quersumme** auch **durch 3 teilbar** ist. Berechne die Quersumme. Teile die Zahlen dann durch 3. Rechne dazu im Heft.

456 Quersumme: ______   255 Quersumme: ______   7146 Quersumme: ______

8. Zahlen sind **durch 4 teilbar**, wenn die **Zahl aus den letzten beiden Ziffern durch 4 teilbar** ist. Nur fünf der folgenden Zahlen sind durch 4 teilbar. Teile diese Zahlen schriftlich im Heft.

844	7 188	101	1 121	432	640	2 837	460

Vermischte Übungen

1. a)

·	3	4	5
5			
6			
7			

b)

·	2	9	10
3			
5			
7			

c)

·	7	6	8
2			
9			
8			

2. Ergänze.

a) 6 · ____ = 36 b) ____ · 3 = 18 c) 64 : ____ = 8 d) ____ : 5 = 5

5 · ____ = 20 8 · ____ = 48 42 : ____ = 7 12 : ____ = 3

____ · 4 = 28 ____ · 5 = 30 ____ : 2 = 9 40 : ____ = 8

____ · 3 = 27 9 · ____ = 72 ____ : 10 = 4 ____ : 6 = 2

3. Vervollständige die Reihe.

a) Vielfache von 3:	3	6	9							30
b) Vielfache von ____:	5	10		20						
c) Vielfache von ____:	9	18			45					

4. Markiere die Vielfachen

a) von 5

15 22 40 96
7 37 35 44
55 76 5 100

b) von 4

22 16 44 18
20 8 50 80
93 40 6 11

c) von 3

8 10 30 21
12 43 9 20
37 15 19 60

5. Markiere gemeinsame Teiler.

a) Teiler von 12 und 20

1 2 3 4 5
6 7 8 9 10

b) Teiler von 16 und 18

1 2 3 4 5
6 7 8 9 10

c) Teiler von 10 und 20

1 2 3 4 5
6 7 8 9 10

6. Markiere die sechs Primzahlen

4 9 3 13 14 11 2 7 18 5 16

7. Immer eine Zahl gehört nicht dazu. Streiche diese Zahl durch.

a) Teilbar durch 2 sind
54, 320, 444, 999, 2456

b) Teilbar durch 5 sind
5, 150, 666, 725, 1005

c) Teilbar durch 10 sind
50, 190, 200, 370, 1234

d) Teilbar durch 4 sind
16, 204, 50, 800, 4240

e) Teilbar durch 3 sind
12, 211, 306, 213, 2004

f) Teilbar durch 9 sind
108, 270, 99, 100, 3330

9 Sachprobleme

Die 20 Schülerinnen und Schüler der Klasse 6a fahren mit ihrer Klassenlehrerin und einem weiteren Lehrer nach Langeoog.
Es werden 5 Übernachtungen im Schullandheim gebucht.
In einem Reisebus fährt die Gruppe zum Fähr-Anleger. Nach dem Übersetzen mit der Fähre und einer kurzen Fahrt mit der Inselbahn wird die Unterkunft erreicht.

1. Vor der Fahrt wurden von jedem Teilnehmer 180 € auf das Schulkonto eingezahlt.
Wie viel Geld wurde insgesamt auf das Schulkonto eingezahlt?
Kreuze die passende Rechnung an. Berechne dann das Ergebnis.

○ 180 · 20 ○ 180 · 22 ○ 180 · 5

A: ____________________

2. Der Bus startet um 8:20 Uhr und erreicht nach 2 Stunden und 35 Minuten den Anleger.
Wann kommt der Bus am Fähr-Anleger an?

A: ____________________

3. Die Fähre legt um 11:15 Uhr ab und erreicht Langeoog um 11:55 Uhr.
Wie lange dauert die Überfahrt mit der Fähre?

A: ____________________

4. Welcher Text passt zur Aufgabe? Verbinde.

Die Überfahrt kostet pro Person 12,90 €. Zusätzlich werden noch 5 € für den Gepäcktransport bezahlt.

12,90 + 5

Die Überfahrt kostet pro Person 12,90 €. Der Gepäcktransport wird extra berechnet. Dabei helfen 5 Schüler mit.

5. Im Schullandheim gibt es Dreier- und Viererzimmer. Jedes Zimmer soll voll belegt werden.
Für die 7 Mädchen der Klasse werden 2 Zimmer benötigt.
Wie viele Zimmer belegen die Jungen?

A: ____________________

Sachprobleme erfassen und erkunden

Janis und seine drei Freunde planen eine Fahrradtour an der Weser.
Die Tour soll am 17. Juli in Hann. Münden beginnen.
In den angegebenen Jugendherbergen wollen die Schüler übernachten.
In Hameln sind zwei Übernachtungen geplant.
So können sie ausruhen und die Stadt erkunden.

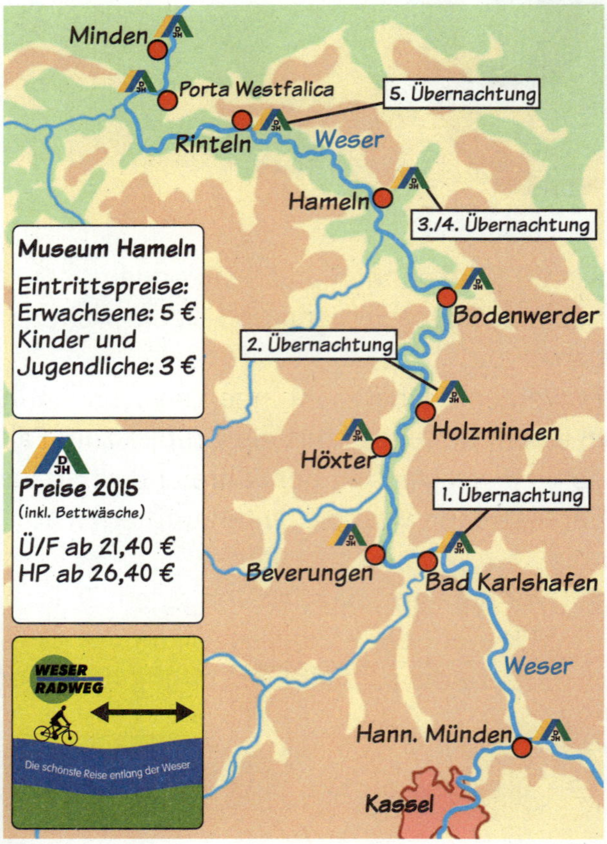

Hann. Münden – Bad Karlshafen	53 km
Bad Karlshafen – Holzminden	43 km
Holzminden – Hameln	54 km
Hameln – Rinteln	30 km
Rinteln – Minden	41 km

1. Kreuze die Fragen an, die du beantworten kannst.

◯ Wie alt sind die Schüler?
◯ Reichen 100 € pro Person für die Übernachtungen in den Jugendherbergen?
◯ Wie viele Nächte verbringen die Schüler in Hameln?
◯ Wie viel Geld geben die vier Freunde für Verpflegung aus?
◯ Wie weit ist es von Holzminden bis Rinteln?
◯ An welchem Tag kommen die vier Freunde in Minden an?
◯ Wie lange brauchen die Jungen für den Rückweg?

2. Notiere weitere Fragen zu den Informationen über die Fahrradtour.

____

____

____

3. Setze die fehlenden Werte ein.

a) Von Rinteln bis nach Minden sind es ______ km.

b) Eine Übernachtung mit Frühstück in der Jugendherberge kostet ______ € pro Person.

c) Zusammen bezahlen die Freunde ______ € Eintritt im Museum.

Sachprobleme durch Schätzen und Überschlagen lösen

Speisekarte			
Pizza		**Nachspeise**	
Napoli	5,60 €	Eis	1,60 €
Salami	7,20 €	Tiramisu	2,70 €
Mare	7,60 €	Milchreis	1,80 €
Nudeln		**Getränke**	
Spagetti Napoli	5,30 €	Mineralwasser	1,10 €
Tortellini	6,50 €	Cola – Limo	1,40 €
Lasagne	7,50 €	O-Saft	1,60 €

1. Reichen 10 € für die Bestellung aus? Antworte mit Ja oder Nein.

a)

____

b)

____

c)

____

2. Stimmt die Aussage? Kreuze an.

- ◯ 2 Pizzen kosten höchstens 10 €.
- ◯ Für Tortellini, O-Saft und Eis muss man 9,70 € bezahlen.
- ◯ Herr Müller bezahlt Spagetti und eine Cola mit einem 50-€-Schein. Er bekommt höchstens 20 € zurück.
- ◯ Eine Pizza Salami wiegt mehr als 2 kg.
- ◯ Für 8 € kann man ein Essen mit Nachspeise und Getränk bestellen.

3. Überprüfe die Rechnung. Schreibe das richtige Ergebnis darunter.

a)

Pizza Napoli	5,60
Cola	1,40
Eis	1,60
	9,60

____

b)

2 Pizza Mare	15,20
2 Cola	2,80
Tiramisu	2,70
	19,70

____

c)

Lasagne	7,50
2 Cola	2,80
Milchreis	1,80
	13,10

____

d)

2 Tortellini	13,00
2 Cola	2,80
Tiramisu	2,70
Eis	1,60
	20,20

____

4. Frau Berg bezahlt für Tortellini, Eis und ein Getränk 9,20 €.
F: Welches Getränk hat Frau Berg gewählt?

A: _______________________

Ich-du-wir-Aufgaben

1. Das Olympiastadion in Berlin ist mit 60 000 Zuschauern ausverkauft.
Wie lang ist ungefähr die Autoschlange, wenn immer 2 Zuschauer in einem Auto anreisen?
Beachte die Lösungsschritte.

2. Wie lang ist die Schlange vor dem Stadiontor, wenn alle Zuschauer hintereinander stehen und warten?

A: ______________________________

7500 Zuschauer

3. Wie viele Schüler sind so schwer wie ein ausgewachsener Elefant?

A: ______________________________

4. Wie viele Legosteine (1 cm hoch) muss man zusammensetzen, um den Kopf der Giraffe zu erreichen?

A: ______________________________

Aufgaben durch Vorwärts- und Rückwärtsrechnen lösen

1. Im Kiosk werden verschiedene Eissorten angeboten.

a) Paulina kauft 4 Eis und bezahlt 3,20 €.
Welches Eis hat Paulina gekauft?

A: ______________________________

b) Simon kauft 2 Eis. Er bezahlt mit einem 5-€-Schein und erhält 2,40 € zurück.
Welches Eis hat Simon gekauft?

A: ______________________________

c) Timo bezahlt 2,30 € für 3 Eis.
Welche Eissorten hat Timo gekauft?

A: ______________________________

Eiskarte

Florida	0,50 €
Waffello	0,80 €
Nussino	1,30 €
Crossini	1,50 €

2. Kann das stimmen? Kreuze an

- ◯ Durchschnittlich schläft ein Mensch 150 Stunden in der Woche.
- ◯ Zwei Fahrräder können zusammen weniger als 30 kg wiegen.
- ◯ Fünf Briefmarken wiegen zusammen mehr als 100 g.
- ◯ Für eine 5 m lange Tafel werden 4 Tische aneinander gereiht.

3. Welche Angabe stimmt ungefähr? Kreuze an.

Täglich soll man 2 ℓ trinken. Das sind im Jahr
- ◯ 350 ℓ
- ◯ 700 ℓ
- ◯ 1 000 ℓ

Mineralwasser.

Sina wohnt 3 km von der Schule entfernt. Sie fährt jährlich
- ◯ 400 km
- ◯ 1 200 km
- ◯ 5 000 km

zur Schule.

Ein Schüler verbringt jährlich etwa
- ◯ 200 Stunden
- ◯ 500 Stunden
- ◯ 1 000 Stunden

in der Schule.

4. Jonas hat berühmte Sehenswürdigkeiten besucht. Schätze, wie hoch sie sind.

a) 

______________ m

b) 

______________ m

c) 

______________ m

Aufgaben durch Probieren lösen

1. a)

Max ist ____ Jahre alt.

b)

Ayse ist ____ Jahre alt.

c)

Lea ist ____ Jahre alt.

2. Das Alter von Katja und Leon kannst du durch Probieren finden.

Leon	Katja	zusammen
6	12	18

Leon ist ____ Jahre alt. Katja ist ____ Jahre alt.

3. Mit seinem Auto fährt Herr Müller dreimal so viel Kilometer wie Herr Beck.
Beide zusammen legen 40 000 km zurück.

Herr Müller fährt ________ km.

Herr Beck fährt ________ km.

Herr Müller	Herr Beck	zusammen

4. In einem Gehege sind Hühner und Kaninchen. Insgesamt haben sie 20 Köpfe und 72 Füße. Wie viele Hühner und wie viele Kaninchen sind es?

Köpfe der Kaninchen	Köpfe der Hühner	Füße der Kaninchen	Füße der Hühner	Füße insgesamt
10	10	40	20	60

Es sind ____ Kaninchen und ____ Hühner.

5. Löse durch Probieren.

Hannah	Lulu	zusammen

Hannah wiegt ____ kg. Lulu wiegt ____ kg.

1. Setze ein: <, > oder =

a)			b)			c)			d)		
3,8	☐	3,4	8,0	☐	0,8	3,51	☐	3,15	6,05	☐	5,66
5,2	☐	2,5	7,1	☐	6,9	2,30	☐	2,3	8,37	☐	8,73
7,0	☐	7	3,9	☐	4,0	3,29	☐	3,3	4,01	☐	3,99
0,2	☐	0,02	6,0	☐	0,6	2,1	☐	2,01	7,38	☐	7,83

2. a) Trage die Dezimalzahlen ein.

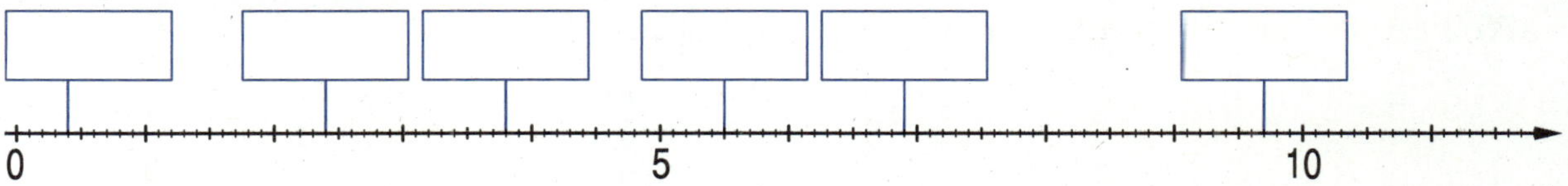

b) Ordne zu.

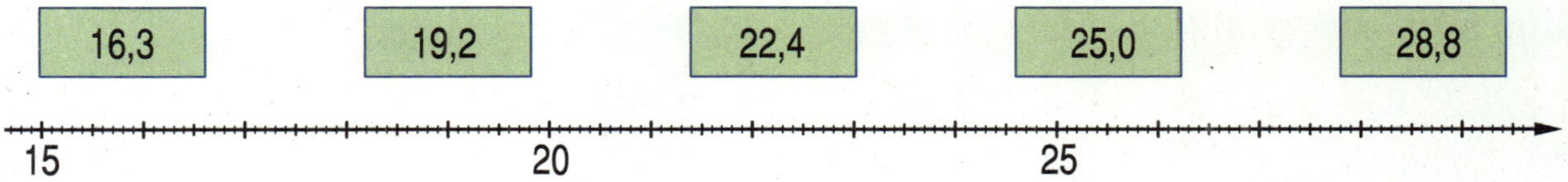

3. a) Trage die Dezimalzahlen ein.

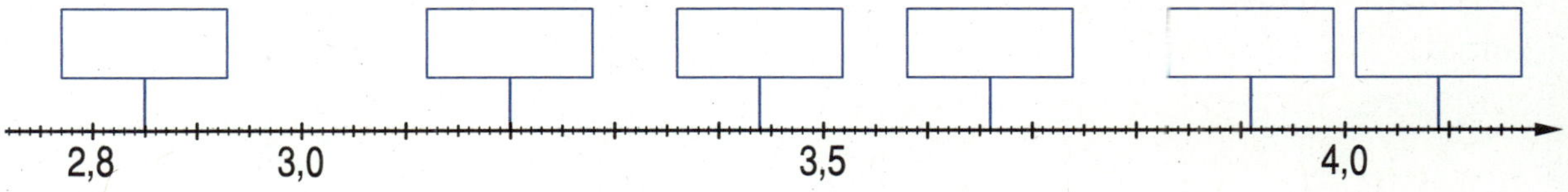

b) Ordne zu.

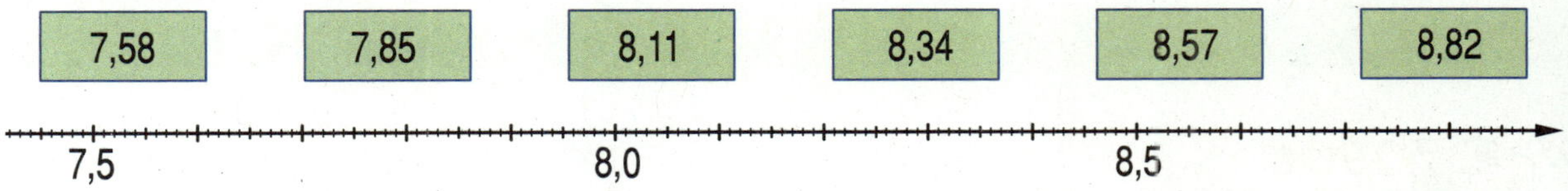

4. Die Summe der Zahlen in zwei nebeneinander liegenden Steinen steht im Stein darüber.

a)

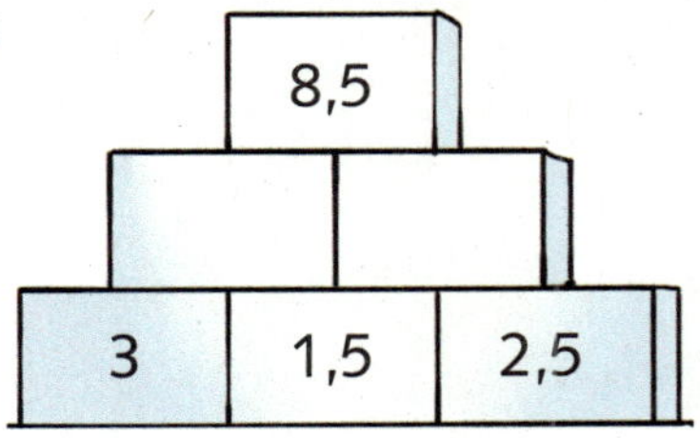

b)

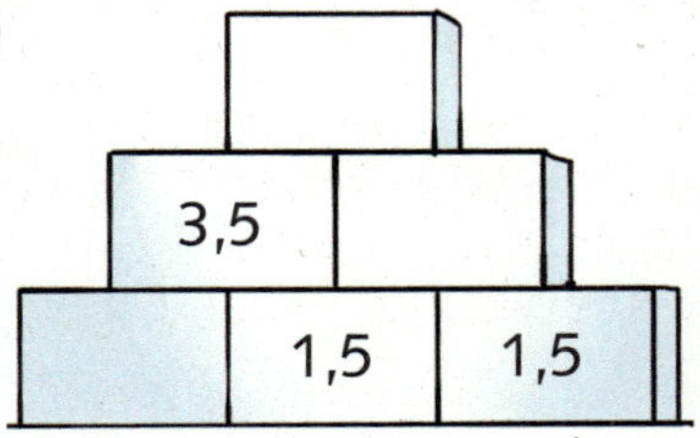

c)

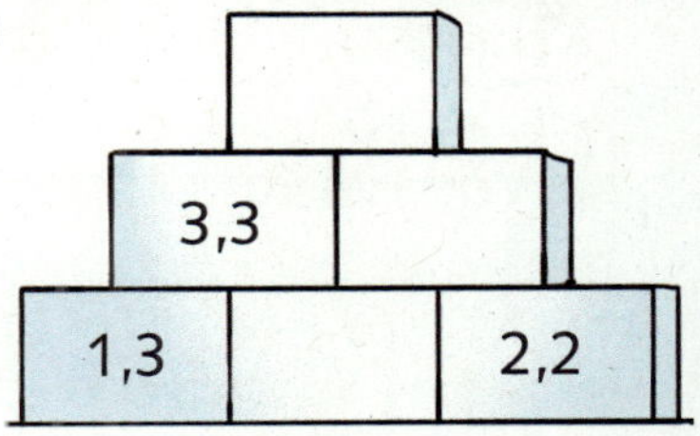

5. Im Kopf oder schriftlich? Entscheide selbst, wie du rechnest.

a) 17,83 + 12,15 = ______
0,40 + 1,30 = ______
12,5 + 0,8 = ______

b) 18,70 + 0,30 = ______
48,75 + 33,69 = ______
14,21 + 23,54 = ______

c) 73,90 – 13,90 = ______
64,17 – 12,54 = ______
48,58 – 10,14 = ______

6. a)

· 100	
1,274	
13,84	
2,6	
7,008	

b)

: 10	
45,26	
1,9	
10,97	
0,78	

c)

: 100	
589,2	
92,4	
6,2	
56,03	

7. Rechne im Kopf.

a) 0,2 · 3 = ______ b) 0,4 · 4 = ______ c) 1,2 · 3 = ______ d) 1,1 · 5 = ______

0,6 · 5 = ______ 0,5 · 8 = ______ 2,1 · 4 = ______ 1,3 · 3 = ______

0,7 · 4 = ______ 0,9 · 7 = ______ 1,2 · 4 = ______ 2,1 · 5 = ______

8. Im Kopf oder schriftlich? Trage die Ergebnisse ein.

a) 3,2 : 8 = ______ b) 14,7 : 7 = ______ c) 28,2 : 3 = ______ d) 30,6 : 2 = ______

4,5 : 9 = ______ 16,4 : 4 = ______ 17,5 : 5 = ______ 30,6 : 3 = ______

9. 

0,96 €

Viererpack 2,56 €

a) Wie viel Euro kosten 5 Pakete Saft?

A: ______________________

b) Wie viel Euro kostet ein Schokoriegel?

A: ______________________

10. Überschlage zuerst, dann rechne genau.

a) Ü: 3 · 2 = ______ b) Ü: ______ c) Ü: ______ d) Ü: ______

3, 1 · 2, 3

4, 7 · 3, 8

9, 4 · 4, 6

5, 9 · 2, 3

11. Zeichne einen Durchmesser in den Kreis ein. Miss den Durchmesser. Gib den Radius an.

a)
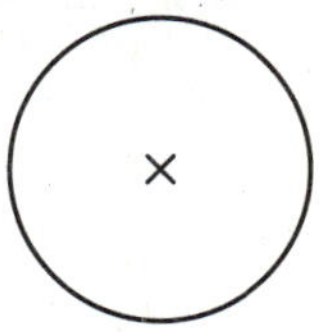

d = ______

r = ______

b)
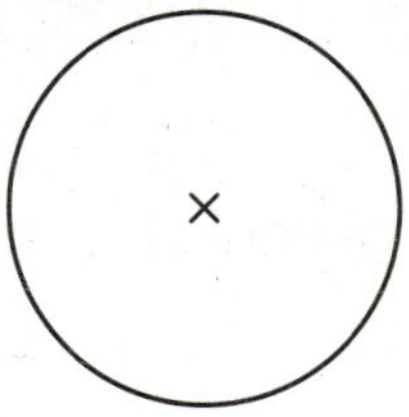

d = ______

r = ______

12. a) Ist der Winkel ein spitzer Winkel, ein rechter Winkel oder ein stumpfer Winkel? Trage ein.
b) Schätze die Größe des Winkels. Prüfe durch Messen.

	Winkelart	geschätzt	gemessen
α			
β			
γ			

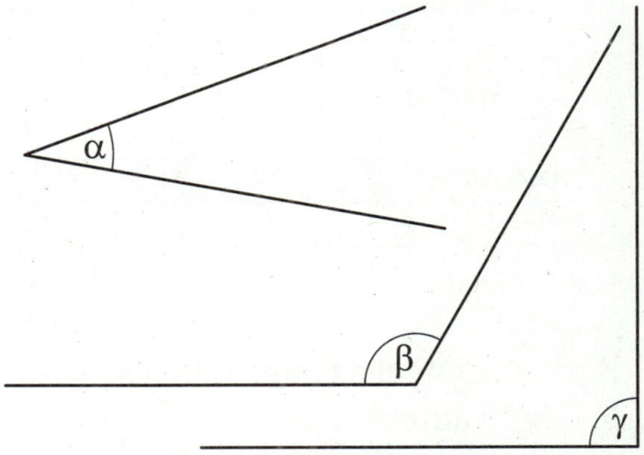

13. Durch welche Zahl wurde gekürzt? Zeichne.

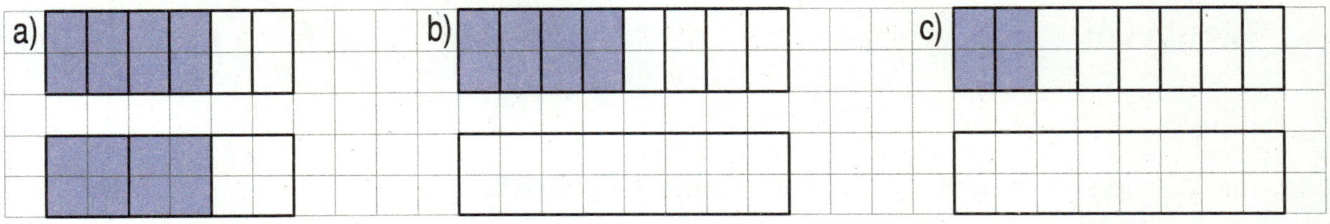

a) $\frac{4}{6} = \frac{2}{3}$ gekürzt durch 2

b) $\frac{4}{8} = \frac{1}{2}$ gekürzt durch ______

c) $\frac{2}{8} = \frac{1}{4}$ gekürzt durch ______

14. Immer zwei Brüche sind gleich. Färbe mit der gleichen Farbe.

$\frac{1}{2}$ $\frac{1}{3}$ $\frac{3}{4}$ $\frac{5}{10}$ $\frac{3}{5}$ $\frac{6}{8}$ $\frac{2}{6}$ $\frac{6}{10}$

15. Färbe und berechne.

a)
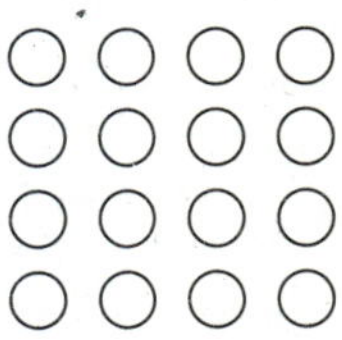

$\frac{1}{4}$ von ___ = ___

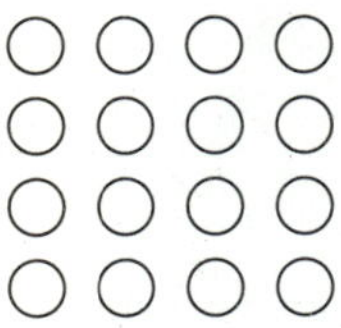

$\frac{3}{4}$ von ___ = ___

b)
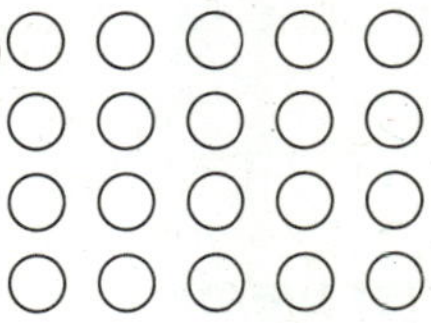

$\frac{1}{5}$ von ___ = ___

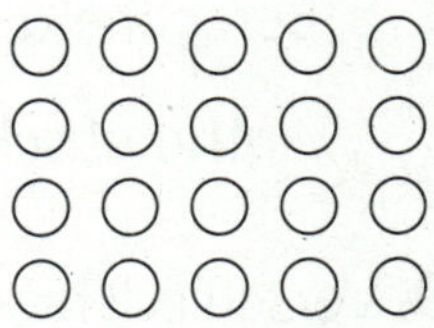

$\frac{4}{5}$ von ___ = ___

16. a) $\frac{1}{2}$ von 40 kg = ______

$\frac{3}{5}$ von 35 kg = ______

$\frac{3}{8}$ von 16 kg = ______

b) $\frac{3}{4}$ von 240 kg = ______

$\frac{2}{10}$ von 800 kg = ______

$\frac{5}{6}$ von 360 kg = ______

c) $\frac{1}{3}$ von 6000 m = ______

$\frac{4}{7}$ von 1400 m = ______

$\frac{2}{5}$ von 4500 m = ______

17.

Donnerstag	Freitag	Samstag	Sonntag
38 km	28 km	50 km	36 km

a) Vervollständige das Balkendiagramm zur Länge der Tagesstrecken einer Fahrradtour.

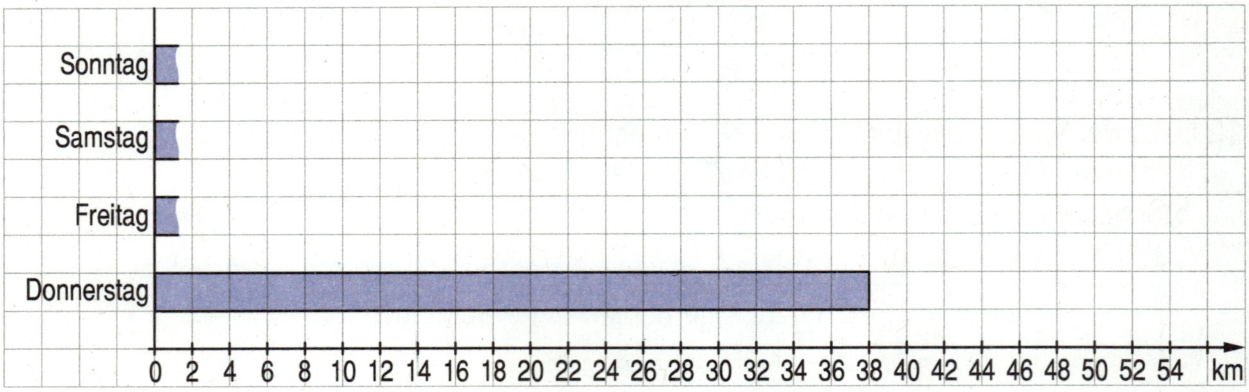

b) Berechne die Länge der gesamten Fahrradtour.

A: ______________________________

c) Berechne die Durchschnittslänge einer Tagesstrecke.

A: ______________________________

18. In der Tabelle stehen Chiaras Ergebnisse beim Speerwurf.

1. Wurf	2. Wurf	3. Wurf	4. Wurf	5. Wurf
33 m	28 m	35 m	32 m	27 m

a) Ordne die Wurfweiten in einer Rangliste und bestimme den Median.

Rangliste: ____ ____ ____ ____ ____

Median: ______

b) Berechne das arithmetische Mittel.

Arithmetisches Mittel: ______

19. Verschiedene Glücksräder werden gedreht. Ergänze die fehlenden Wahrscheinlichkeiten in der Tabelle.

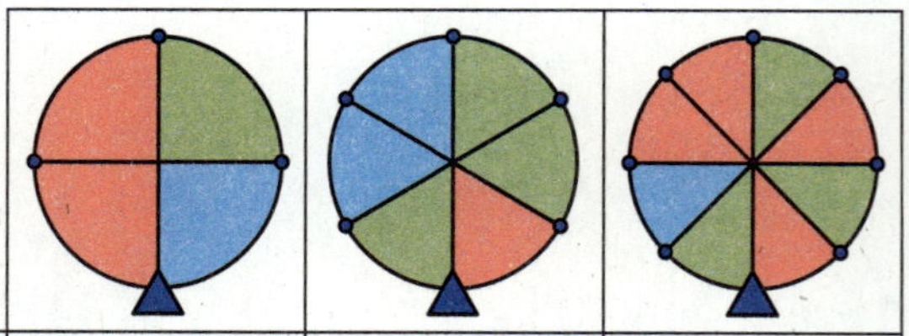

a)	Der Zeiger zeigt auf ein grünes Feld.	$\frac{1}{4}$		
b)	Der Zeiger zeigt auf ein rotes Feld.			
c)	Der Zeiger zeigt auf ein Feld, das nicht blau ist.			

20. Addiere. Gefärbte Bruchteile können dir helfen.

a)

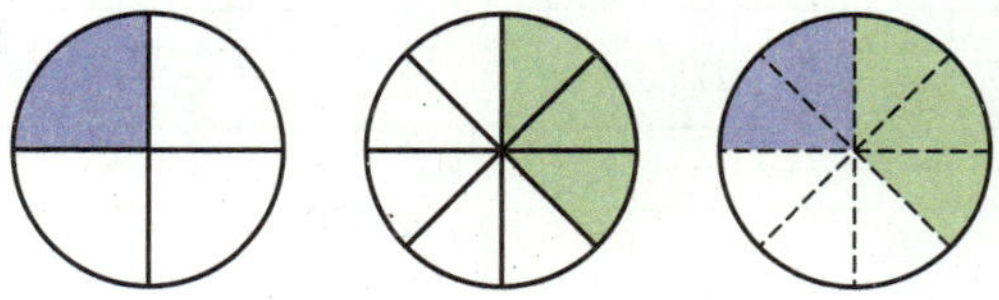

$\frac{1}{4} + \frac{\_\_}{8} = \_\_$

b)

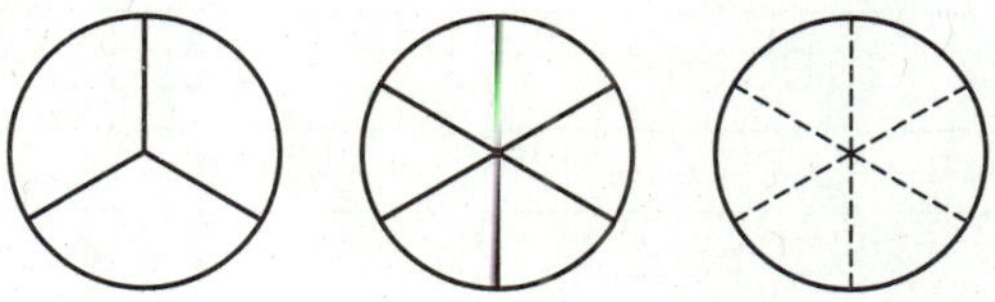

$\frac{1}{3} + \frac{1}{6} = \_\_$

21. Finde einen gemeinsamen Nenner und addiere oder subtrahiere.

a) $\frac{2}{3} + \frac{1}{6} = \frac{\_\_}{6} + \frac{\_\_}{6} = \_\_$

Auf Sechstel erweitern.

b) $\frac{5}{8} - \frac{1}{4} = \_\_ - \_\_ = \_\_$

Auf Achtel erweitern.

c) $\frac{3}{5} + \frac{3}{10} = \_\_ + \_\_ = \_\_$

d) $\frac{7}{10} - \frac{1}{2} = \_\_ - \_\_ = \_\_$

e) $\frac{1}{6} + \frac{1}{2} = \_\_ + \_\_ = \_\_$

f) $\frac{4}{5} - \frac{1}{10} = \_\_ - \_\_ = \_\_$

22. Ordne die Buchstaben zu.

$\frac{1}{3} + \frac{1}{6} = \_\_ + \_\_ = \_\_$ T

$\frac{1}{4} - \frac{1}{8} = \_\_ - \_\_ = \_\_$ L

$\frac{1}{4} + \frac{1}{2} = \_\_ + \_\_ = \_\_$ B

$\frac{1}{2} - \frac{1}{6} = \_\_ - \_\_ = \_\_$ A

$\frac{1}{5} + \frac{5}{10} = \_\_ + \_\_ = \_\_$ T

$\frac{8}{10} - \frac{1}{2} = \_\_ - \_\_ = \_\_$ E

$\frac{1}{2}$	$\frac{1}{3}$	$\frac{3}{4}$	$\frac{1}{8}$	$\frac{3}{10}$	$\frac{7}{10}$

23. Berechne das Volumen des Quaders.

a)

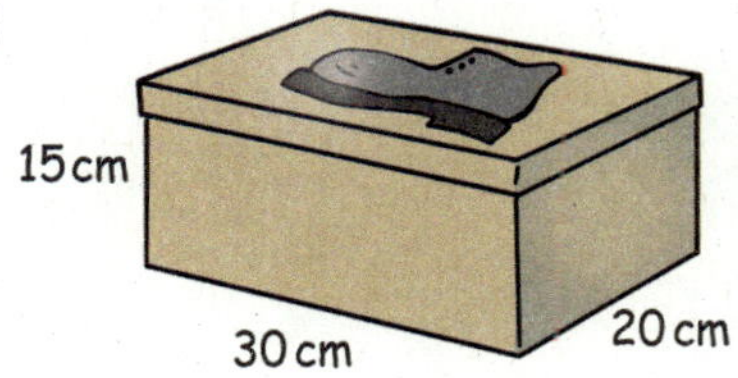

$V = a \cdot b \cdot c$

$V = 30\text{ cm} \cdot 20\text{ cm} \cdot 15\text{ cm}$

$V = \_\_\_\ \text{cm}^3 = \_\_\_\ \ell$

b)

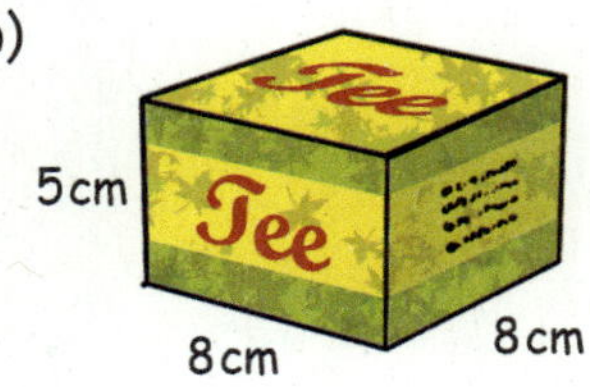

V = ______________

V = ______________

$V = \_\_\_\ \text{cm}^3 = \_\_\_\ \ell$

c)

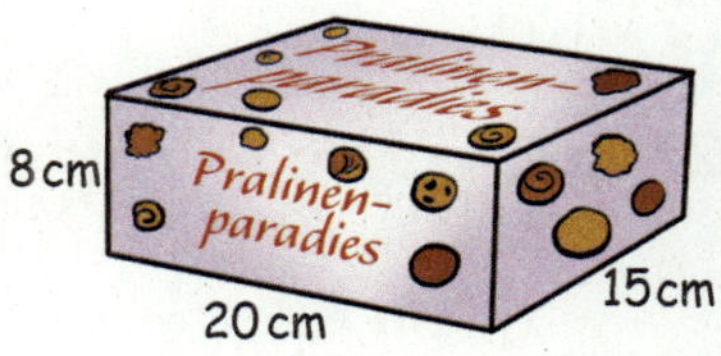

V = ______________

V = ______________

$V = \_\_\_\ \text{cm}^3 = \_\_\_\ \ell$

24. Immer zwei Mengenangaben sind gleich. Färbe sie in der gleichen Farbe.

1 500 cm^3	2 000 cm^3	500 cm^3	1 000 cm^3
$\frac{1}{2}$ ℓ	1 ℓ	$\frac{1}{4}$ ℓ	5 ℓ
2 ℓ	250 cm^3	5 000 cm^3	1,5 ℓ

25. Setze das Streifenmuster fort und male es an.

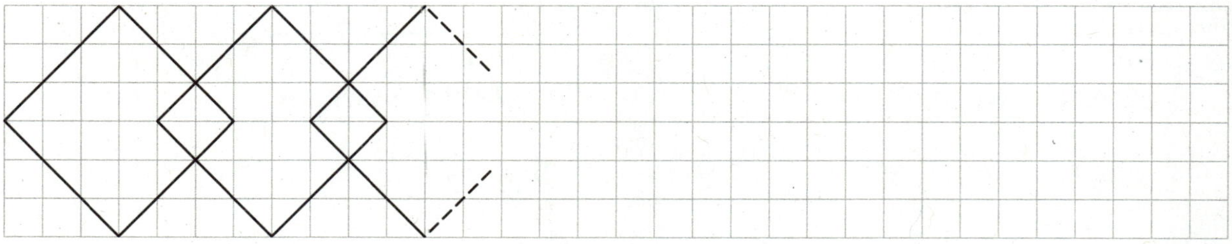

26. Die Figur wird mit dem Verschiebungspfeil verschoben. Zeichne die Bildfigur.

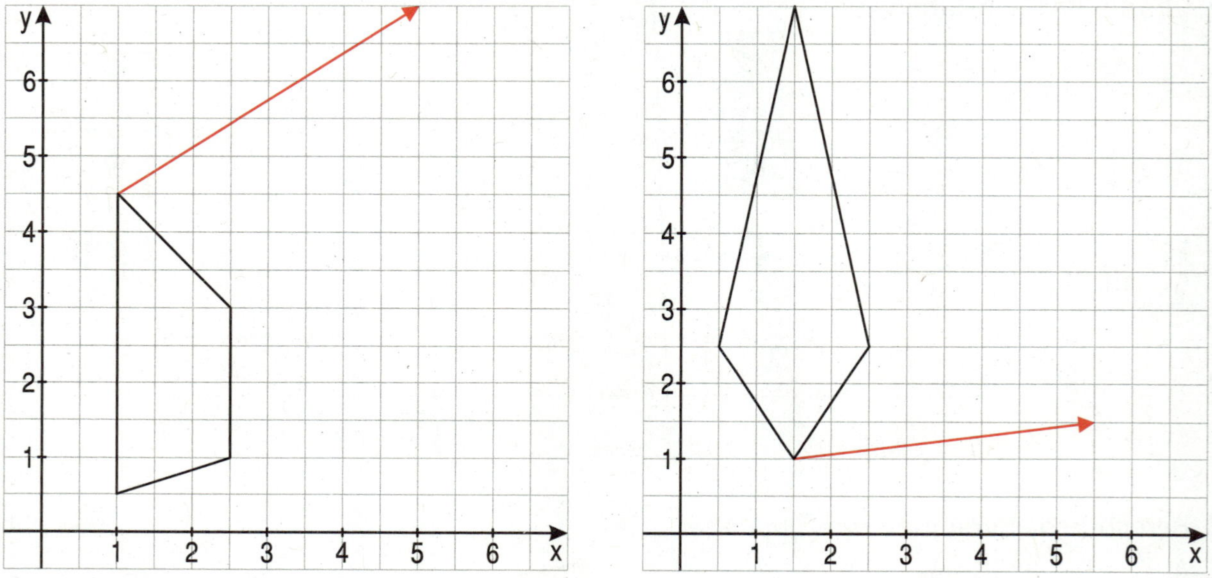

27. Spiegele die Figur an der Spiegelachse s.

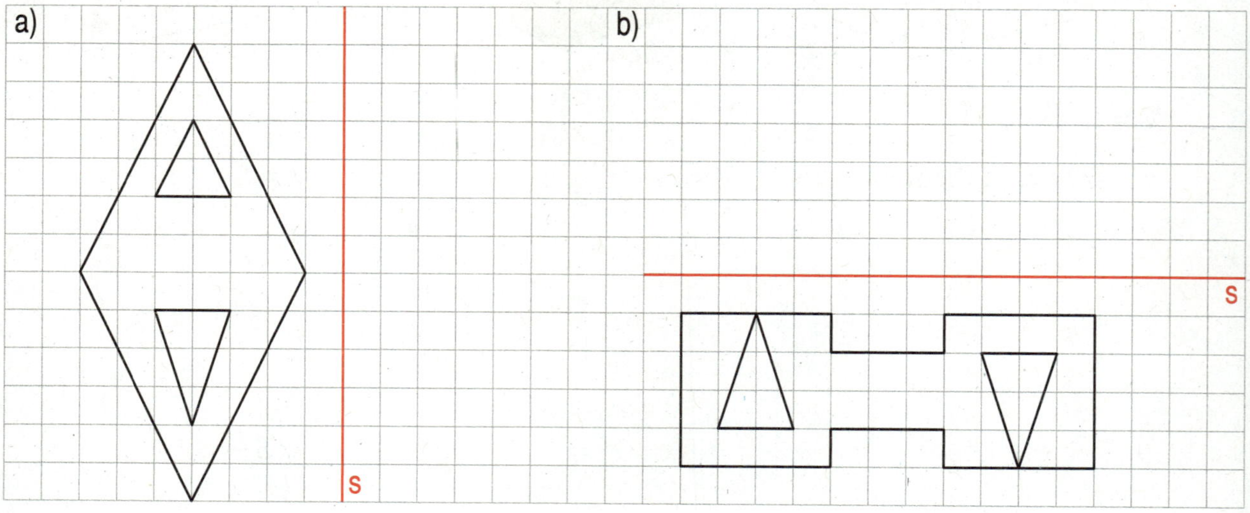

28. a)

·	7	3	6
5			
9			
7			

b)

·	2	4	9
8			
5			
10			

c)

·	8	3	5
2			
6			
8			

29. Ergänze.

a) 7 · ___ = 35
4 · ___ = 20
___ · 6 = 24
___ · 3 = 21

b) ___ · 3 = 15
8 · ___ = 56
___ · 7 = 42
9 · ___ = 81

c) 49 : ___ = 7
42 : ___ = 6
___ : 2 = 8
___ : 10 = 9

d) ___ : 5 = 8
12 : ___ = 4
32 : ___ = 8
___ : 6 = 6

30. Vervollständige die Reihe.

a) Vielfache von 4:	4	8	12							40
b) Vielfache von ___:	6	12		24						
c) Vielfache von ___:	7	14			35					
d) Vielfache von ___:		18	27							

31. Markiere die Vielfachen

a) von 3

15	23	30	96
7	37	9	24
63	33	3	100

b) von 4

24	12	34	18
28	8	44	84
73	40	6	21

c) von 8

8	18	32	48
12	33	19	16
38	16	88	60

32. Kann das stimmen? Kreuze an.

◯ Der Weltrekord im Hochsprung liegt bei 5,20 m.
◯ Ein Fahrrad kann mehr als 10 kg wiegen.
◯ Durchschnittlich schläft ein Mensch 150 Stunden in der Woche.
◯ Nico kann Schritte von 5 000 mm Länge machen.
◯ Kübras Einkaufstasche wiegt mehr als 3 000 g.

33. Welche Angabe stimmt ungefähr? Kreuze an.

Eine Milchkuh ist etwa
◯ 200 kg
◯ 600 kg
◯ 2 000 kg
schwer.

Ein Pferd ist etwa
◯ 25 cm
◯ 175 cm
◯ 325 cm
hoch.

Ein Reisebus ist etwa
◯ 5 m
◯ 12 m
◯ 36 m
lang.

1. Bestimme die fehlenden Zahlen in der Folge.

a)

125	130	135								175

b)

533	544	555								663

c)

208	205	202								178

2.
a) 200 + 370 = ___
400 + 280 = ___
500 + 490 = ___

b) 340 + 500 = ___
760 + 200 = ___
380 + 500 = ___

c) 460 + 30 = ___
530 + 20 = ___
910 + 80 = ___

d) 120 + 340 = ___
350 + 240 = ___
480 + 510 = ___

3.
a) 900 – 700 = ___
600 – 500 = ___
800 – 300 = ___

b) 360 – 200 = ___
970 – 500 = ___
880 – 400 = ___

c) 770 – 40 = ___
530 – 10 = ___
490 – 50 = ___

d) 460 – 110 = ___
380 – 230 = ___
970 – 450 = ___

4. Rund um die 1 000.

a) 300 + ______ = 1 000
200 + ______ = 1 000
700 + ______ = 1 000

b) 890 + ______ = 1 000
750 + ______ = 1 000
560 + ______ = 1 000

c) 995 + ______ = 1 000
930 + ______ = 1 000
969 + ______ = 1 000

5.
a) 1 000 – ______ = 600
1 000 – ______ = 900
1 000 – ______ = 500

b) 1 000 – ______ = 880
1 000 – ______ = 760
1 000 – ______ = 390

c) 1 000 – ______ = 993
1 000 – ______ = 940
1 000 – ______ = 959

6. Verbinde mit dem richtigen Ergebnis.

a)

425 + 225	790
425 + 365	730
425 + 480	650
425 + 305	905

b)

690 – 220	370
680 – 310	170
770 – 500	470
500 – 330	270

c)

455 + 140	495
800 – 105	595
310 + 185	795
1 000 – 205	695

7. Die Summe der Zahlen in zwei nebeneinanderliegenden Steinen steht im Stein darüber.

a)

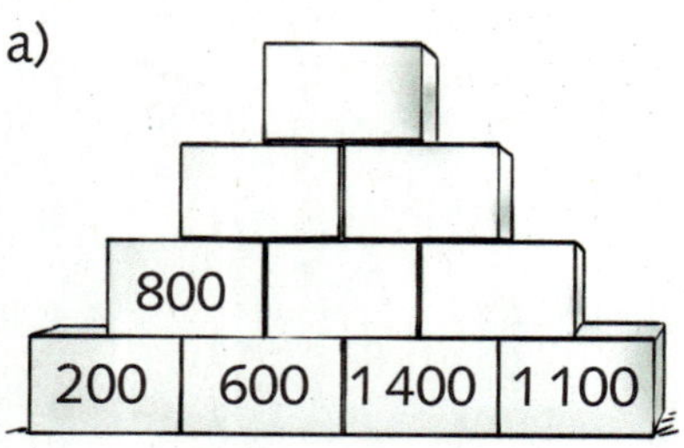

b)

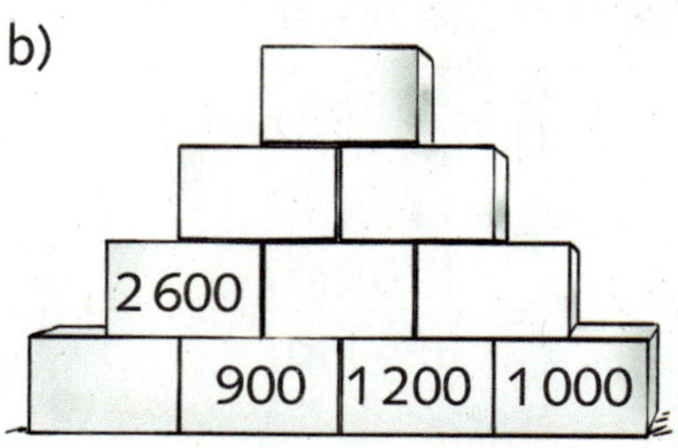

c)

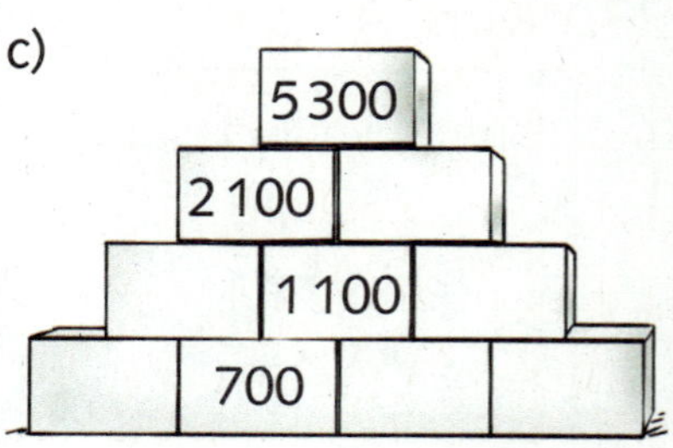

Bleib fit!

1. a) 146 + 413 = ___ b) 652 + 73 = ___ c) 407 + 373 = ___ d) 487 − 342 = ___ e) 763 − 230 = ___ f) 603 − 204 = ___

2. Trage die Buchstaben bei den Lösungszahlen ein. Du erhältst ein Lösungswort.

a) 2351 + 1425 **E** b) 3007 + 2583 **N** c) 1485 + 225 **S** d) 2453 + 5461 **E** e) 6018 + 3094 **R**

f) 8254 − 1023 **T** g) 7563 − 1261 **S** h) 2138 − 1053 **E** i) 3142 − 889 **P** j) 8521 − 7682 **G**

839	1085	1710	2253	3776	5590	6302	7231	7914	9112

3. Im Kopf oder schriftlich? Trage die Ergebnisse ein.

a) 2001 + 4372 = ___ b) 5642 − 2130 = ___ c) 4003 + 3009 = ___

2375 + 3214 = ___ 6789 − 3001 = ___ 7004 − 6998 = ___

4574 + 3788 = ___ 6534 − 3586 = ___ 2443 + 2443 = ___

4. Ergänze die fehlenden Ziffern.

a) 2 _ 5 + _ 6 2 = 7 8 _

b) _ 6 2 + 2 0 _ = 9 _ 7

c) 8 6 _ − 2 _ 3 = _ 2 5

d) _ 5 3 − 7 _ 1 = 2 3 _

e) 6 _ _ − 1 4 0 = _ 7 8

5. Bilde jeweils drei Additions- oder Subtraktionsaufgaben. Das Ergebnis soll jeweils kleiner als 4000 sein.

a)

b)

c)

1. Trage die Buchstaben bei den Lösungszahlen ein.

a) 6 · 9 = ___ I 4 · 8 = ___ E

8 · 7 = ___ M 7 · 6 = ___ E

9 · 4 = ___ H 6 · 5 = ___ G

b) 81 : 9 = ___ R 36 : 9 = ___ Z

40 : 8 = ___ A 49 : 7 = ___ B

54 : 9 = ___ U 48 : 6 = ___ E

30	32	36	42	54	56

4	5	6	7	8	9

2. Bestimme die fehlenden Zahlen in der Folge.

a)

30	60									330

b)

	80	120								440

c)

		270	360							990

d)

		210	280							770

3. a)

·	30	80	70
6			
9			
4			

b)

·	60	40	70
20			
50			
70			

c)

·	400	600	900
2			
4			
5			

4. a) 270 : 3 = ___
630 : 9 = ___
420 : 7 = ___

b) 640 : 8 = ___
240 : 3 = ___
450 : 5 = ___

c) 180 : 90 = ___
350 : 70 = ___
210 : 30 = ___

d) 250 : 50 = ___
360 : 60 = ___
120 : 40 = ___

5. a) 2 · 23 = ___
2 · 20 = ___
2 · 3 = ___

b) 3 · 42 = ___
____
____

c) 4 · 310 = ___
____
____

d) 5 · 420 = ___
____
____

6. a)

·	30	60	
	120		
7			
9			630

b)

·	70		60
2		180	
	210		
5			

c)

·	200	600	
3			2 400
	1 000		
8			

1. Multipliziere schriftlich.

a) 7 9 · 8 b) 8 7 4 · 6 c) 7 0 8 · 9 d) 7 3 6 · 7 e) 9 3 2 · 5

2. a) 3 6 2 · 4 0 b) 7 0 6 · 3 0 c) 7 5 2 · 2 4 d) 8 1 7 · 4 9

3. Im Kopf oder schriftlich? Trage die Ergebnisse ein.

a) 123 · 3 = ______ b) 317 · 2 = ______ c) 299 · 40 = ______

894 · 7 = ______ 409 · 5 = ______ 301 · 30 = ______

4. Das Produkt soll kleiner als 4000 sein. Rechne zwei Aufgaben.

a)

Aufgabe: ______

Aufgabe: ______

b)

Aufgabe: ______

Aufgabe: ______

5. Im Kopf oder schriftlich? Trage die Ergebnisse ein.

a) 515 : 5 = ______ b) 2187 : 9 = ______ c) 4004 : 4 = ______

864 : 2 = ______ 4856 : 8 = ______ 2997 : 3 = ______

Bleib fit!

1. Vervollständige die Tabelle.

a)

1 m 17 cm		
1,17 m		8,25 m
	130 cm	

b)

1 km 250 m		
	3,975 km	
1 250 m		2 300 m

2. Ordne nach der Größe. Beginne mit der größten Länge.

a) 7,2 cm   1 m   2,71 m   9 cm

_______ > _______ > _______ > _______

b) 520 m   2,5 km   2,99 m   1 km

_______ > _______ > _______ > _______

3. Immer drei Längenangaben sind gleich. Kennzeichne sie mit der gleichen Farbe.

1,035 km	180 cm	1 m 80 cm	1 m 8 cm	1 cm 8 mm	108 cm
18 mm	1,8 cm	1,08 m	1 035 m	1,80 m	1 km 35 m

4. Berechne.

a) 1,50 m + 2,10 m = _______ m

1,80 m + 1,30 m = _______ m

3,10 m + 0,75 m = _______ m

b) 3,70 m – 1,40 m = _______ m

4,10 m – 2,30 m = _______ m

3,70 m – 0,50 m = _______ m

5. Ergänze.

a) 4 mm + ____ mm = 1 cm

7 mm + ____ mm = 1 cm

0,6 cm + ____ mm = 1 cm

b) 85 cm + ____ cm = 1 m

93 cm + ____ cm = 1 m

0,85 m + ____ cm = 1 m

c) 300 m + ____ m = 1 km

750 m + ____ m = 1 km

0,925 m + ____ m = 1 km

6. Wie viele Minuten sind es?

a) 2 h = ____ min   4 h = ____ min   1 h 10 min = ____ min   2 h 20 min = ____ min

b) 120 s = ____ min   300 s = ____ min   180 s = ____ min   600 s = ____ min

c) 1 h 20 min = ____ min   3 h 10 min = ____ min   2 h 50 min = ____ min

7. Wie viele Minuten sind es bis zur nächsten vollen Stunde?

a)  7:45 Uhr

_______ min

b)  14:55 Uhr

_______ min

c)  20:10 Uhr

_______ min

8. Fülle die Tabelle aus.

Abfahrt	14:00 Uhr	8:45 Uhr	11:45 Uhr	13:55 Uhr	
Fahrtdauer	45 min		30 min		40 min
Ankunft		9:00 Uhr		14:30 Uhr	7:55 Uhr